Java EE 开源框架应用

温立辉　周永福　巫锦润　方阿丽　常贤发／著

西南交通大学出版社
·成　都·

图书在版编目（ＣＩＰ）数据

Java EE 开源框架应用 / 温立辉等著. —成都：西南交通大学出版社，2022.7
ISBN 978-7-5643-8772-3

Ⅰ. ①J… Ⅱ. ①温… Ⅲ. ①JAVA 语言－程序设计
Ⅳ. ①TP312.8

中国版本图书馆 CIP 数据核字（2022）第 117866 号

Java EE Kaiyuan Kuangjia Yingyong
Java EE 开源框架应用

温立辉　周永福　巫锦润　方阿丽　常贤发　著

责任编辑	李华宇
封面设计	GT 工作室

出版发行	西南交通大学出版社
	（四川省成都市金牛区二环路北一段 111 号
	西南交通大学创新大厦 21 楼）
邮政编码	610031
发行部电话	028-87600564　　028-87600533
网址	http://www.xnjdcbs.com
印刷	四川煤田地质制图印刷厂

成品尺寸	185 mm×240 mm
印张	14
字数	281 千
版次	2022 年 7 月第 1 版
印次	2022 年 7 月第 1 次
书号	ISBN 978-7-5643-8772-3
定价	48.00 元

课件咨询电话：028-81435775

前 言

FOREWORD

Java 语言的重要特性是开源，Java EE 领域是一个通过开源技术而贯穿起来的编程领域，存在众多的开源产品。从各种各类的开源中间件、开源 IDE 集成开发工具到各种各类的开源框架，无一不体现了开源的特性。

Java EE 作为开源技术领域的"领头羊"，其在软件技术行业具有无可替代的价值与作用，是软件技术产业的中流砥柱。Java EE 作为一个开源企业级开发平台，其功能强大，适用范围广，技术体系成熟，平台拓展性、稳定性强，已成为企业最佳技术解决方案之一。

Java EE 领域涵盖的开发技术多种多样，如中间件应用、消息服务机制、远程组件交互、事务管理、目录命名服务、持久化技术、各种类型的敏捷开发框架等。本书将重点论述 Java EE 领域中最主流的轻量级开源框架在 Web 信息系统建设中的功能作用及相关的开发技术，力求以简洁、通俗易懂的方式讲解开源框架核心技术，包括相关语法、资源配置、底层实现原理、生命周期、API 方法函数、性能效率以及 Web 工程项目中各种框架的搭建、整合过程和步骤等。

在众多的开源产品与开源插件中，开源框架的重要性不言而喻，开源框架直接耦合了应用项目的架构设计与模块编码开发。在项目开发中开源框架以半成品的角色加入项目工程中，极大地提高了项目设计与编码的速度，缩短了项目建设的周期，为企业节省了成本，赢得了开发人员的喜爱，是 Java EE 领域的"定海神针"。

本书共分 7 章，分别论述了 Struts2、Hibernate 敏捷框架在 Web 信息系统开发中的应用。各章节均选取了行业中最核心的应用技术结合企业实际开发案例，作为分析、学习的方向与范围，力求读者能掌握企业级开发中所必需的核心技能，以能胜任相关的技术开发工作。第 1 ~ 4 章为 Struts2 框架的论述部分，讨论了 Struts2 的结构、基本语法、流程控制、拦截器、上下文环境、前端视图配置、校验框架、国际化、异常处理等方面的内容与实现。第 5 ~ 6 章为 Hibernate 框架的论述部分，讨论了 Hibernate 的结构、基本语法、ORM 原理及思想、对象持久化机制、各级缓存、反向工程、HQL 应用语言、批处理操作、实体关联映射等方面的内容与实现。第 7 章为一个综合应用，讨论了 Struts2 如何整合 Hibernate 框架、Web 系统如何分层架构以及相关综合业务模块的编码开发。

　　本书由河源职业技术学院温立辉、周永福、巫锦润、方阿丽、常贤发合著。本书以开发技术的实战应用为重要特征，强调技术的可操作性，开发人员可在短时间内快速上手并掌握相关技术。每章均有项目源码，如有需要可直接向作者咨询索取（作者邮箱：wenlihui2004@163.com）。本书在撰写过程中，得到了西南交通大学出版社的大力支持，在此表示衷心的感谢。

　　由于作者的水平和经验有限，书中难免存在不足之处，敬请广大专家、读者批评指正。

作　者

2022 年 4 月

目 录
CONTENTS

Struts2 应用框架

本章将论述 Struts 框架的功能作用、起源及结构组成，阐述 Struts2 框架的生命周期、流程控制过程，详述 Action 业务控制器的相关语法，以及在编程开发中如何通过通配符、动态方法调用（DMI）的方式进行流程控制操作。

1.1 Struts 框架初识

Struts 框架是开源组织 Apache 基金会下的一个开源项目，其名字起源于建筑物当中的支撑框架，引申为在软件工程中通过引入主干框架的构建进行模块化的开发，以提升软件开发的效率，提高固有资源的复用程度，缩短软件项目的开发周期。在 Web 信息系统中 Struts 框架承担着控制器的角色，框架的底层实现是基于 MVC 模式进行构建的，有利于分清各组件之间的职责，实现各司其职，降低内部组件之间的耦合程度。

1.1.1 Struts1 框架

截至目前，Struts 框架有两个正式的版本，分别是 Struts1 与 Struts2。Struts1 采用传统的 Servlet 方式来实现 MVC 流程，框架内的中央处理器为 ActionServlet 组件，其核心是对 Servlet 进行了封装。ActionServlet 也称为主控制器或一级控制器，除主控制器之外，还有业务控制器以及其他类型的控制器。业务控制器是一个程序员可自定义的 Action 类，其作用是实现业务请求的转派。此外，Struts1 中还存在一个 Form 表单组件，其主要作用是接收前端视图传输到后台的表单数据，每一个 Form 表单对应一个 Action 实例，是前后台之间数据传输的桥梁。Struts1 的配置文件的名称为 struts-config.xml，其主要配置与业务控制器 Action 类相关联的前端请求相关参数，以及 Action 类的流程控制参数。

当前端视图层发送请求到 Web 服务时，请求首先到达中央处理器 ActionServlet 组件，然后再读取配置文件 struts-config.xml 的相关配置信息，根据相关配置下一步会把请求移交到业务控制器 Action 类。在请求正式到达 Action 类之前，请求会先把前端视图业务数据填充到 Form 组件中，然后请求才真正到达 Action 控制器，之后再由业务控制器把请求委派给相关的业务模块，业务处理完毕后，Action 类将返回业务请求结果视图映射，最终在配置文件 struts-config.xml 中找到相应的响应视图来响应客户端的请求。

经过开发市场的多年检验，证明 Struts1 框架的稳定性非常好，是一个成熟、可靠的产品，但它有一个很大的不足，就是作为 Web 系统的后台控制层，与前端视图层的耦合度过高，其业务控制器中需引入前端页众多视图类，不利于系统的扩展与升级、复用等，造成运维上的不利。

1.1.2 Struts2 框架

正是因为 Struts1 框架存在先天的不足，Struts2 的出现便是为了弥补 Struts1 的缺陷。Struts2 的前身是 WebWork 框架，WebWork 同样是一个 MVC 类型的控制器角色的组件，其性能、稳定性、模块之间的独立性等各方面的表现都非常优秀，前端视图层与服务器端控制层的解耦实现非常完美。但 WebWork 框架因自身的知名度不高，在 Java EE 领域不为开发人员所熟知，开发人员普遍对这个框架都比较陌生，不敢轻易尝试使用该框架，因而其在开发市场中所占据的比例非常小。Struts1 框架因其起源比较早，知名度非常高，但早期的设计中存在先天的不完善，而 WebWork 框架性能、前后端解耦等方面都表现非常优异。基于两者的互补性非常好，Apache 基金会于 2006 年在吸收 WebWork 框架作为基金会的子项目后，决定整合两者推出全新的、优秀的 MVC 框架。考虑到 Struts 框架的市场知名度非常高，容易为开发市场所接受，就对 WebWork 框架以 Struts 框架的形式进行封装，并命名为 Struts2，以区别 Struts1。

Struts2 框架的核心组件已经不再使用 Servlet 实现，而是以过滤器的方式实现。FilterDispatcher 是 Struts2 的中央处理器，其底层封装了 Filter 组件。在线程安全上，Servlet 是单实例多线程，Filter 是多实例多线程，因而 Struts2 比 Struts1 在并发访问中有更好的数据安全保障。在 Struts2 框架中，不存在独立的 Form 组件类，负责接收前端视图表单数据的 Form 组件已经合并入 Action 组件，并且 Action 类的 execute() 函数中，已经没有像 Struts1 那样耦合前端视图层组件参数，因而其作为后台控制器已基本与前端视图解耦，信息系统的分层更加清晰、明了。Struts2 框架的配置文件同样也与 Struts1 框架不相同，名称为 struts.xml，这是延续了 WebWork 框架的传统。

1.2 Struts2 框架基础

Struts2 框架虽然起源于 Struts1 框架，但又与 Struts1 存在很大的差别，特别是在底层实现上。但 Struts2 的基本配置和基础语法还是延续了 Struts1 的传统，使习惯于使用 Struts1 框架的开发人员能更加容易地接受 Struts2 框架，减少了 Struts2 框架的推广障碍，同时 Struts2 进一步完善了 Struts1 中的不足，因而在 Java EE 的开发市场中很快就替代了 Struts1 框架。

1.2.1 Struts2 框架配置

Struts2 框架的核心组件有：中央控制器 FilterDispatcher 类、框架拦截器 Interceptor 类、业务控制器 Action 类、请求判断器 ActionMapper 类、请求代理器 ActionProxy 类、请求调用器 ActionInvocation 类、框架配置识别器 ConfigurationManager 类等。其中开发人员可自定义配置的组件有：中央控制器 FilterDispatcher 类、框架拦截器 Interceptor 类、业务控制器 Action 类。

中央控制器 FilterDispatcher 类配置在 Web 工程的映射文件中，以 Filter 节点的形式配置。如下面的 web.xml 配置代码，在过滤器"filter1"的配置中，<filter-class>节点指定了 Struts2 框架的中央处理器组件为 org.apache.struts2.dispatcher.FilterDispatcher 类，<filter-name>节点则指定了此过滤的名称为 struts2Filter。

```xml
<?xml version="1.0" encoding="UTF-8"?>
<web-app version="2.5" xmlns="http://java.sun.com/xml/ns/javaee"
xmlns:xsi="http://www.w3.org/2001/XMLSchema-instance"
    xsi:schemaLocation="http://java.sun.com/xml/ns/javaee
    http://java.sun.com/xml/ns/javaee/web-app_2_5.xsd">
    <welcome-file-list>
        <welcome-file>index.jsp</welcome-file>
    </welcome-file-list>


    <!-- filter1: 中央处理器 FilterDispatcher 配置 -->
    <filter>
        <filter-name>struts2Filter</filter-name>
        <filter-class>
            org.apache.struts2.dispatcher.FilterDispatcher
        </filter-class>
    </filter>
```

```
<!-- filterMap:  Filter 请求拦截配置 -->
<filter-mapping>
    <filter-name>struts2Filter</filter-name>
    <url-pattern>*.action</url-pattern>
</filter-mapping>

</web-app>
```

在过滤器映射"filterMap"的配置中，<url-pattern>节点指定了请求的拦截类型为"*.action"，即表示所有请求路径（URL）中包含有"*.action"字符的请求都会被名为"struts2Filter"的过滤器所拦截，即被过滤器"filter1"所拦截，并交由 Struts2 中央处理器 FilterDispatcher 类处理。

业务控制器 Action 类配置在框架配置文件 struts.xml 中，struts.xml 文件在整个项目编译后位于 Web 工程的字节码路径下（classpath），在工程项目编译前可位于项目源码（src）路径下。

如下面的 struts.xml 文件配置代码中，根节点为<struts>，在里面可以包含多个<package>，每个<package>节点对应项目工程中的一个业务功能模块。节点中 name 属性在整个 struts.xml 配置文件中必须唯一，表示模块的名称，extends 属性表示该模块继承自某个模块，所有<package>节点都必须继承"struts-default"模块（可间接继承）。"struts-default"模块为 Struts2 框架的内置核心模块，与此模块没有继承关系的业务模块，Struts2 框架的流程将无法正常进行。

```
<?xml version="1.0" encoding="UTF-8" ?>
<!DOCTYPE struts PUBLIC "-//Apache Software Foundation//DTD
Struts Configuration 2.1//EN" "http://struts.apache.org/dtds/
struts-2.1.dtd">
<struts>
    <package name="myWebInfo" extends="struts-default">
        <action name="login" class="com.web.LoginAction">
            <result name="success">/success.jsp</result>
            <result name="fail">/fail.jsp</result>
        </action>

        <action name="order" class="com.web.OrderAction">
```

```
            <result name="order">/order.jsp</result>
        </action>
    </package>
</struts>
```

<action>节点对应框架中的 Action 类，节点中 name 属性与 URL 中的请求相对应，class 属性表示此 Action 类在项目中的位置，Action 类中有一个 execute()函数，当流程到达 Action 类后会自动调用 execute()，执行完毕后会返回一个字符串形式的视图映射。<result>节点表示响应视图的配置，节点中 name 属性如果与 execute()函数中返回的字符串视图映射相配置，则调用此节点中的视图响应客户端，如配置文件中的 success.jsp、fail.jsp 等页面。最后一个<package>节点中可包含多个<action>节点，表示一个业务功能模块中可包含多个 Action 业务控制器类。

1.2.2　Struts2 框架流程控制

Struts2 框架的核心编程部分是业务控制器 Action 类，这也是开发人员自定义的业务控制器。业务控制器 Action 类要命名成×××Action，如下面的 LoginAction 类代码就是一个 Action 控制器类。

```java
public class LoginAction {
    private String username;
    private String password;

    public String getUsername() {
        return username;
    }
    public void setUsername(String username) {
        this.username = username;
    }
    public String getPassword() {
        return password;
    }
    public void setPassword(String password) {
        this.password = password;
    }
```

```
public String execute() {
    if(username!=null&&password!=null&&!username.equals("")
        && !password.equals("")) {
        return "success";
    } else {
        return "fail";
    }
}
```

Action 类中还有一个重要函数 execute()，该函数固定的签名为

```
public String execute()
```

公有的访问权限，String 类型返回值，函数参数为空，当系统请求流程转入 Action 类时，将自动调用该函数。该函数执行完毕后返回一个 String 类型字符映射，将与 struts.xml 配置文件中的<result>节点的 name 属性相配置，找到请求的响应视图页面。

LoginAction 类中还包含两个 String 类型的 username、password 属性，负责接收前端视图 login.jsp 页面中的 Form 表单输入（如下面代码），Action 类中的属性名称与 Form 表单的输入框<input>元素对应的 name 属性值相同，否则前端表单的数据将无法传递到 Action 类中。同时每个表单属性在 Action 类中必须有 JavaBean 中标准的 set、get 方法，如本 Action 类中 username、password 表单属性对应有 setUsername() 、getUsername()、setPassword()、getPassword()四个标准函数，其中 setUsername()、setPassword()在前端表单数据传递到后台时被调用，目的是给 Action 类的两个表单属性赋值，getUsername()、getPassword()则是在需要获取表单中的相关值时可以直接调用取得。

```
<%@page contentType="text/html" pageEncoding="UTF-8"%>
<!DOCTYPE HTML PUBLIC "-//W3C//DTD HTML 4.01 Transitional//EN"
    "http://www.w3.org/TR/html4/loose.dtd">
<html>
<head>
<title>Login Page</title>
</head>
<body>
```

```
<form action="login.action" method="post">
    <table border="0">
        <tr>
            <th>登录账号：</th>
            <th><input name="username" type="text"></th>
        </tr>
        <tr>
            <th>登录密码：</th>
            <th><input name="password" type="password"></th>
        </tr>
        <tr>
            <td><input type="submit"  value="登 录" /></td>
            <td><input type="reset" value="重 输 "></td>
        </tr>
    </table>
</form>
</body>
</html>
```

由于 Struts2 框架封装了 WebWork 框架，其底层实现基本上保留原 WebWork 框架的流程控制过程。具体过程如图 1-1 所示，实现步骤如下：

（1）各种形式的远程客户端组件，如浏览器、微服务、App 应用等，可通过不同的通信协议，一般为 HTTP 及 HTTPS 超文本传输协议、TCP Socket 网络通信协议等，根据访问路径或 IP 地址及服务端口向服务器端发送数据请求。

（2）Web 服务器中间件接收到客户端请求后，首先到项目工程的配置文件 web.xml 中，根据其 Filter 节点的映射配置，找到请求所对应的中央处理器 FilterDispatcher，进而流程进入 Struts2 框架的主控制器。

（3）请求进入中央处理器后，FilterDispatcher 首先将流程委派到请求判断器 ActionMapper，由 ActionMapper 判断请求是否为 Action 请求，如果是，则把流程进一步委派到请求代理器。

（4）请求代理器 ActionProxy，接收到所委派的请求后，则把流程继续委派给下一级组件——框架配置识别器 ConfigurationManager，此组件的功能作用是读取框架配置文件 struts.xml 的 Action 配置信息。

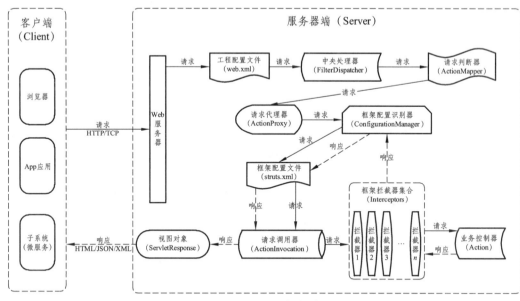

图 1-1　Struts2 框架流程

（5）框架配置识别器读取完 struts.xml 文件的配置信息并找到所要访问的 Action 类后，则把流程委派到请求调用器 ActionInvocation，由其去调用所要访问的 Action 类。

（6）请求到达所要访问的 Action 类之前，会被 Struts2 框架的拦截器组拦截，请求先进入各个相关的业务拦截器，待相关拦截器都完成相关业务操作，则流程真正进入业务控制器 Action 类。

（7）请求到达业务控制器 Action 类后，先把前端表单的数据填充到对应的全局域属性，然后再调用 Action 类中的 execute() 函数，execute() 执行完毕后则返回一个 String 类型的字符串映射。

（8）请求从业务控制器 Action 类出来后，重新返回到框架的拦截器组中，经相关拦截器的业务处理后，请求重新回到框架配置识别器。配置识别器重新到 struts.xml 配置文件中读取所访问的 Action 类中的响应视图配置，并找到跟 execute() 函数返回的视图映射的配置值，进而找到响应视图路径。

（9）框架配置识别器找到响应视图路径后，重新把请求委派到请求调用器，由其调用相关的视图响应对象，以多种不同形式的数据（如 HTML 格式数据、JSON 格式数据、XML 格式数据等）去响应客户端，至此整个请求流程完整结束。

1.3 Action 类访问控制

Action 类是 Struts2 框架的次级控制器，同时也是开发人员可以自定义的一个业务控制器，每一个 Action 类中都有一个业务控制函数 execute()，此函数负责业务请求的转发，即把远程客户端发送过来的请求委派给业务模块层对应的业务实现模块，但每个 Action 类中最多只能包含一个 execute()函数，这就造成每个 Action 类只能够完成一个业务请求。

考虑这样的一个场景，有一个订单管理模块，有如下功能需求：可增加订单、删除订单、修改订单、查询订单。如果用 execute()函数作为业务流程的控制方法，那就要创建四个 Action 类：AddOrderAction、DeleteOrderAction、UpdateOrderAction、QueryOrderAction，每个 Action 类实现一个业务请求，这就造成了 Action 类文件及代码的臃肿。其实这四个请求都是同属于订单模块的相关业务，其关联性都是非常强的，实现过程也是非常类似的，为了提高编码开发的效率及有利于日后的模块维护，有必要把四个请求合并到一个 Action 类中。

1.3.1 指定 method 属性

根据 Struts2 的流程控制，当请求委派到 Action 类时，会自动调用 execute()函数。在某些场景下，我们希望请求委派到 Action 类后，不调用 execute()函数，而是执行本类中其他的业务方法，这时就可以考虑在 Struts2 框架中通过对 struts.xml 配置文件增加指定 method 属性来实现请求访问流程的指派控制。

如下面的配置代码，为每个<action>节点添加一个 method 属性，即

```
AddOrderAction    →   method="addOrder"
DeleteOrderAction →   method="deleteOrder"
UpdateOrderAction →   method="updateOrder"
QueryOrderAction  →   method="queryOrder"
```

这样，请求委派到每个 Action 类后，就不再调用默认的 execute()函数，而是寻找 method 属性值所对应的业务方法。

```
<struts>
    <package name="myWebInfo" extends="struts-default">
        <action name="add" class="com.web.AddOrderAction"
method="addOrder">
```

```
            <result name="success">/success.jsp</result>
            <result name="fail">/fail.jsp</result>
        </action>
        <action name="delete" class="com.web.DeleteOrderAction"
method="deleteOrder">
            <result name="success">/success.jsp</result>
            <result name="fail">/fail.jsp</result>
        </action>
        <action name="update" class="com.web.UpdateOrderAction"
method="updateOrder">
            <result name="success">/success.jsp</result>
            <result name="fail">/fail.jsp</result>
        </action>
        <action name="query" class="com.web.QueryOrderAction"
method="queryOrder">
            <result name="success">/success.jsp</result>
            <result name="fail">/fail.jsp</result>
        </action>
    </package>
</struts>
```

如果业务控制器 Action 类中没有 method 属性所配置的相关函数，流程无法继续向前执行，因异常而终止。如以下四个 Action 类中，配置了 method 属性后，类中可以没有默认的 execute()函数，但必须具有 method 属性指定的业务控制方法，如各个 Action 类中的 addOrder()、deleteOrder()、updateOrder()、queryOrder()等业务函数，业务流程到达 Action 类后将自动调用这些定义的业务函数。这些业务函数的签名定义与 execute() 函数一致，需要公有的访问权限、String 类型的返回值，函数的调用参数必须为空，如不满足这些条件，框架将不认为它是有效的业务控制方法。

AddOrderAction 类：

```java
package com.web;
public class AddOrderAction {
    public String addOrder(){
        return "success";
    }
```

```
}
```

DeleteOrderAction 类：

```
package com.web;
public class DeleteOrderAction {
    public String deleteOrder(){
        return "success";
    }
}
```

UpdateOrderAction 类：

```
package com.web;
public class UpdateOrderAction {
    public String updateOrder(){
        return "success";
    }
}
```

QueryOrderAction 类：

```
package com.web;
public class QueryOrderAction {
    public String queryOrder(){
        return "success";
    }
}
```

1.3.2　动态方法调用（DMI）

DMI（Dynamic Method Invocation），即动态方法调用，是指流程进入 Action 类后所要执行调用的函数不需要在 struts.xml 文件中固定配置好，不需要指定 method 属性，只需要在视图页面提交请求时，表单中做好动态的设置即可。也就是说，在 struts.xml 文件中同一个固定的<action>节点配置，可满足多个不同请求的需求，所请求的业务控制方法由页面的提交表单动态决定。

DMI 视图表单请求提交格式为如下四部分的组合：

（1）Action 节点的 name 属性值；

（2）分隔符"!"；

（3）Action 类中被调用的方法名；

（4）URL 的映射类型。

以下视图代码的表单请求为"user!addUser.action"，表示调用 struts.xml 配置文件中<action>节点名称为"user"所对应的 UserAction 类的 addUser()的方法，".action"为请求后缀，表示 struts 请求的 url 映射类型必须与 web.xml 文件中的映射类型相匹配。

From 表单视图：

```html
<form action="user!addUser.action" method="post">
    <table border="0">
        <tr>
            <td>用户ID：</td>
            <td><input name="userId" type="text">
            </td>
        </tr>
        <tr>
            <td><input type="submit"  value="提交" /></td>
            <td><input type="reset"  value="重输" /></td>
        </tr>
    </table>
</form>
```

Action 节点配置：

```xml
<action name="user" class="com.web.UserAction" >
    <result name="success">/success.jsp</result>
    <result name="fail">/fail.jsp</result>
</action>
```

UserAction 类：

```java
package com.web;
public class UserAction {
    private String userId;

    public String getUserId() {
        return userId;
    }
```

```
public void setUserId(String userId) {
    this.userId = userId;
}


public String addUser() {
    if (userId != null && !userId.equals("")) {
        return "success";
    } else {
        return "fail";
    }
}
}
```

1.3.3 通配符配置

通配符配置，是指通过特定的符号来匹配相关的请求规则，是非常灵活，适应性非常强，同时也是非常简单、高效的一种开发配置方式，在相似业务场景 Action 类合并，对业务请求进行流程控制方面应用非常广。

其用 "*" 来通配请求中目标，表示 1 个或多个字符，同时需要在 struts.xml 文件中对<action>节点指定 method 属性。其相关语法如下：

通配符号 "*"：表示任意个字符。

指定 method 属性：

（1）使用英文状态下大括号 "{}" 作为语法符号；

（2）0 表示取得整个完整的字符串；

（3）1、2、3 表示第 1 个、第 2 个、第 3 个所通配字符内容，如此类推。

例如：

```
<action name="*User" class="" method="{1}">
```

"*"符号表示所有字符串，"{1}"表示第一个通配符，即：如果 name 的值是"addUser"，则通配符的值为 "add"，对应的 method 的值为 "add"。

若 method= "{0}"，则 "{0}" 表示取到整个 action 的 name 值，即：如果 name 的值是 "addUser"，对应的 method 的值为 "addUser"。

1.4 Action 类属性

Action 是 Struts2 框架中的业务控制器，也叫三级控制器。Struts2 框架中很多功能需求，特别是与模型层相关的模块交互，均需要通过 Action 控制器来实现，如流程业务参数传递、业务控制器之间实例传递等功能交互。业务控制器 Action 类在运行中承担了重要交互角色，其类属性在相关场景中发挥了重要作用。

1.4.1 Action 实例

Action 作为业务控制器，其在 Struts1 与 Struts2 两个版本中的实现方式是不同的，与其他 Java EE 中的其他控制组件相比较，每种控制组件都有自己的独特方式及实现机理。

1. Servlet 组件

Servlet 是 Java EE 领域中最基本、最原生态的控制器组件，其对象管理方式是通过单例的方式进行实例管理。在任何场景下，对同一个 Servlet 组件来说其实例是唯一的。在 Web 容器启动时其便实例化好相关控制器组件，前端的请求过来时，则直接响应相关业务请求。众多的 Java Web 控制器框架，其底层都封装了 Servlet 组件。

2. Struts1 框架

在 Struts1 框架中，总控制器底层是由一个名称为 ActionServlet 的 Servlet 组件来实现的，因而其在请求实例化过程中与纯粹的 Servlet 应用一样，使用单实例多线程的方式实现。当众多的客户端同时向同一 Action 类发出业务请求时，只产生一个 Action 实例，同时通过多线程的方式响应客户端请求。这就带来一个问题，多个线程共享一个实例的数据，有可能会导致不同线程之间的数据相互影响，最终数据可能是不准确的，这就要求 Action 实例中必须通过同步锁的方式来实现数据安全，但这样会降低并发访问的效率。

3. Struts2 框架

在 Struts2 框架中，总控制器底层是由一个名称为 FilterDispatcher 的 Filter 组件来实现的，因而其在请求实例化过程中与 Struts1 版本是不一样的。Filter 响应客户端请求的方式采用的是多实例单线程的实现方式。当众多的客户端同时向 Struts2 中同一 Action

业务控制器类发出相关请求时，会依据并发请求的数量，创建对等数量的 Filter 实例，确保每一个客户端请求都有对应的 Action 实例响应请求。这样就可以避免多个线程共享一个实例的数据会导致数据脏读的问题，提高数据安全性，同时还可以提升多请求并发访问的响应效率。

1.4.2　Action 静态参数

在 Struts2 框架中，业务请求的参数分为两种。一种是由前端视图 Form 表单传递到后端逻辑层的业务参数，称为动态参数，参数值随每次请求变化而变化。另一种是在请求过程中，不需要前端视图 Form 表单录入，而是直接在 struts.xml 文件中的 Action 节点上配置好业务参数，称为静态参数，此参数值是相对固定的，不会随单次请求变换。

静态参数主要用于一些系统的属性配置中，或一些业务静态数据配置中，例如某种资源文件的位置，上传、下载资源的路径等。以下为一个 Action 节点中关于静态参数的配置，在 Action 节点上配置了 "user" 与 "age" 两个静态参数，其值分别为 "李丽平" 与 "25"。

```xml
<struts>
    <package name="staticPara" extends="struts-default">
        <action name="hello" class="com.web.HelloAction" method="helloPara">
            <result name="mess">/mess.jsp</result>
            <param name="user">李丽平</param>
            <param name="age">25</param>
        </action>
    </package>
</struts>
```

静态参数除了要在 struts.xml 文件的 Action 节点中配置相关属性外，还需要在对应的 Action 业务控制器类中满足如下的参数规则。

（1）Action 类中必须有对应的全局变量接收静态参数：全局变量名称与静态参数名称完全一样。

（2）Action 类中必须有对应的 set 与 get 方法传递参数值：et、get 方法遵循 Java Bean 中的相关规范与标准。

只有满足以上条件才能实现静态参数传递到业务控制器类中。以下为 Action 类中的对应编码，类中有 "user" "age" 属性及 "setUser" "getUser" "setAge" "getAge" 方法。

```
package com.web;

public class HelloAction {
    private String user;
    private int age;

    public String getUser() {
        return user;
    }
    public void setUser(String user) {
        this.user = user;
    }
    public int getAge() {
        return age;
    }
    public void setAge(int age) {
        this.age = age;
    }
    public String helloPara(){
        return "ok";
    }
}
```

1.5 应用项目开发

Action 组件是 Struts 框架的业务控制器，也是由开发人员自定义的一种功能组件，是应用系统中控制层与模型层交互的窗口，主要负责业务流程的转派以及与前后端之间的数据交互。Action 组件中提供了多种方式对业务流程进行灵活控制，以满足各种业务需求。

1.5.1 应用项目描述

在一个猜幸运物品的游戏中，有剪刀、石头、布匹三种物品。用户在页面选择其中的幸运物，竞猜开始后在服务器后端随机产生一种幸运物，如果用户的选择与服务器端的幸运物一致则用户获胜，否则算失败。请使用 Struts 框架实现相关功能。

（1）在 Action 组件实现竞猜游戏业务流程控制，调通前端视图与后端代码的流程，使业务完整。

（2）使用 Random 类的随机函数 nextInt 来产生一个随机整数，代表幸运物，确保随机数与幸运物一一对应。

1.5.2 编码开发

本项目采用 Struts 框架的 Action 组件来实现对竞猜游戏流程的控制，并保证完整性与准确性，实现幸运物竞猜功能。

1. Struts 校验框架搭建

在 MyEclipse 开发工具上创建一个名称为"game"的工程，并添加 Struts 框架组件，完成后修改 web.xml 文件中的 Struts 的中央处理器为 FilterDispatcher，具体配置参考 web.xml 文件。

web.xml 文件：

```xml
<?xml version="1.0" encoding="UTF-8"?>
<web-app version="2.5"
    xmlns="http://java.sun.com/xml/ns/javaee"
    xmlns:xsi="http://www.w3.org/2001/XMLSchema-instance"
    xsi:schemaLocation="http://java.sun.com/xml/ns/javaee
    http://java.sun.com/xml/ns/javaee/web-app_2_5.xsd">
  <display-name></display-name>
  <welcome-file-list>
    <welcome-file>index.jsp</welcome-file>
  </welcome-file-list>
    <filter>
    <filter-name>struts2</filter-name>
    <filter-class>
        org.apache.struts2.dispatcher.FilterDispatcher
    </filter-class>
    </filter>
```

```
    <filter-mapping>
      <filter-name>struts2</filter-name>
      <url-pattern>*.action</url-pattern>
    </filter-mapping>
</web-app>
```

2. 游戏竞猜功能开发

游戏竞猜模块主要实现对三种幸运物品的选择，然后提交到 Action 类中与随机产生的幸运物品比对，所需要开发的模块资源包含前端视图 guess.jsp、success.jsp、fail.jsp，Struts 框架配置文件 struts.xml，业务控制器类 GameAction.java。

1）guess.jsp

游戏竞猜首页视图如图 1-2 所示，视图中通过表单向后端发送 struts 类型的请求，具体编码实现参考 shop.jsp 文件。

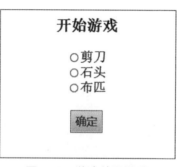

图 1-2　游戏首页视图

guess.jsp 文件：

```
<%@ page language="java" import="java.util.*" pageEncoding="UTF-8"%>
<!DOCTYPE HTML PUBLIC "-//W3C//DTD HTML 4.01 Transitional//EN">
<html>
  <body>
    <center>
    <h3>开始游戏</h3>
    <p>
    <form action = "game.action" method="post" >
    <input type="radio" name="choice" value="0">剪刀<br>
```

```
<input type="radio" name="choice" value="1">石头<br>
<input type="radio" name="choice" value="2">布匹<br><br>
<input type="submit" value="确定">
</form>
</center>
</body>
</html>
```

2）struts.xml

竞猜游戏首页视图发送提交请求后，首先到 Struts 框架配置文件下找到相匹配的 Action 业务控制器类，相关编码配置参考 struts.xml 文件。

struts.xml 文件：

```
<?xml version="1.0" encoding="UTF-8" ?>
<!DOCTYPE struts PUBLIC "-//Apache Software Foundation//DTD Struts
Configuration 2.1//EN" "http://struts.apache.org/dtds/struts-2.1.dtd">
<struts>
    <package name="mygame" extends="struts-default">
        <action name="game" class="com.web.GameAction"
            method="doGame">
            <result name="success">/success.jsp</result>
            <result name="fail">/fail.jsp</result>
        </action>
    </package>
</struts>
```

3）GameAction.java

前端视图请求经 struts.xml 文件匹配后将流向 GameAction 控制器类，并执行类中的 doGame 方法，来产生随机幸运物品，并与用户前端选择相比对判断游戏结果，具体实现参考 GameAction.java 文件。

GameAction.java 文件：

```
package com.web;
import java.util.Random;

public class GameAction {
```

```
    private String choice;
    public String getChoice() {
        return choice;
    }
    public void setChoice(String choice) {
        this.choice = choice;
    }
    public String doGame(){
        String show = "fail";
        Random ran = new Random();
        int luckNumber = ran.nextInt(3);
        System.out.println("luckNumber="+luckNumber);
        if (choice!=null) {
            int choiceValue = Integer.parseInt(choice);
            if (choiceValue==luckNumber) {
                show = "success";
            }
        }
        return show;
    }
}
```

4）success.jsp、fail.jsp

GameAction 控制器类流程处理完毕后，经 struts.xml 文件比对，找到游戏竞猜响应视图，如图 1-3 和图 1-4 所示，具体实现参考 success.jsp、fail.jsp 文件。

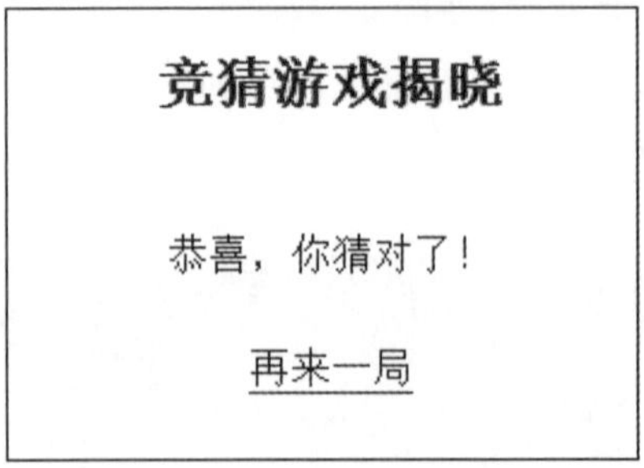

图 1-3　获胜视图

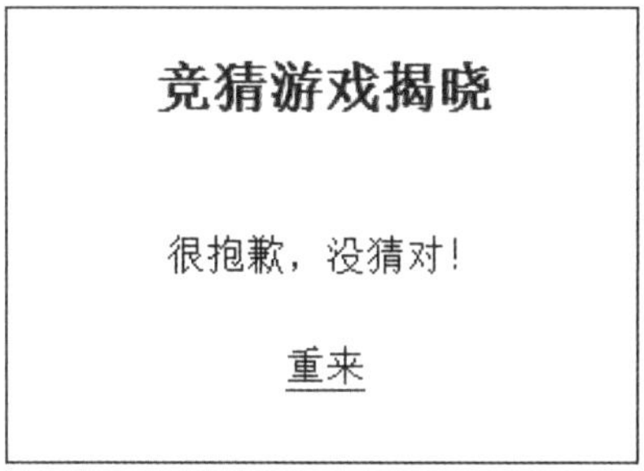

竞猜游戏揭晓

很抱歉，没猜对！

重来

图 1-4 失败视图

success.jsp 文件：

```
<%@ page language="java" import="java.util.*"pageEncoding="UTF-8"%>
<!DOCTYPE HTML PUBLIC "-//W3C//DTD HTML 4.01 Transitional//EN">
<html>
  <head>
  </head>
  <body>
    <center>
    <br>
    <h3>竞猜游戏揭晓</h3>
    <br>
    <font size="2">恭喜，你猜对了！</font>
    <p>
    <a href="guess.jsp"><font size="2">再来一局</font></a>
    </center>
  </body>
</html>
```

fail.jsp 文件：

```
<%@ page language="java" import="java.util.*" pageEncoding="UTF-8"%>
<!DOCTYPE HTML PUBLIC "-//W3C//DTD HTML 4.01 Transitional//EN">
<html>
  <head>
  </head>
  <body>
    <center>
```

```
    <br>
    <h3>竞猜游戏揭晓</h3>
    <br>
    <font size="2">很抱歉，没猜对！</font>
    <p>
    <a href="guess.jsp"><font size="2">重来</font>   </a>
    </center>
  </body>
</html>
```

Struts2 框架拦截器组件

本章将讨论 Struts2 框架的控制器组件结构，以及 Struts2 框架控制器分级与分类，论述不同组件的基本职责，以及请求流程控制关系，重点论述拦截器组件的思想原理、基本的开发规则、框架底层的实现过程，以及如何自定义开发拦截器组件。

2.1 Struts2 拦截器应用

拦截器是 Struts2 框架中的核心组件，在 Struts2 框架中众多核心功能需要依赖拦截器组件实现。Struts2 框架有过滤器、拦截器、业务组件三种类型的组件控制器，其中过滤器为框架的一级控制器，即中央处理器，拦截器为框架的二级控制器，业务控制组件为三级控制器，即业务 Action 类。拦截器是一个较为抽象的组件，其职责主要体现在系统架构中所承担模块组件中的核心角色。

控制器是 MVC 框架的核心部分，Struts 是一个基于 MVC 模式的开源框架，因而控制器在 Struts2 框架中的位置与作用不言而喻，它是整个框架的调度中枢。通过控制器组件实现框架中的流程转跳控制、前后端数据交互、中介代理、编码转换、资源控制管理、系统安全、权限管理、定时任务等相关功能与职责。在 Struts2 框架中，控制器可划分为多个层级，每个层级组件的相应权责不相同。

2.1.1 过滤器

过滤器是 Struts2 框架中的一级控制器，也叫中央控制器、主控制器，是整个框架中最核心的部分。当远程客户端请求到达框架时，首先被此组件截获，经过其判断处理后流程交给下一级控制组件。一级控制器由过滤器（Filter）组件实现，在实际的开发中使用 org.apache.struts2.dispatcher 包下的 FilterDispatcher 类担当实现，需要在项目工程的映射文件（web.xml）文件中声明。

```
<filter>
  <filter-name>struts2</filter-name>
```

```
<filter-class>
  org.apache.struts2.dispatcher.FilterDispatcher
</filter-class>
</filter>
```

2.1.2 拦截器

拦截器是 Struts2 框架中的二级控制器，位于中央控制器与 Action 业务控制器之间，当请求从主控制器流出后，在到达业务控制器之前会被拦截器组件拦截。如图 2-1 所示，请求从中央控制器 Filter 组件出来后到达拦截器组件，在一个请求中所涉及的拦截器可能有多个，则按相关次序依次通过各个拦截器后，最终请求才会到达业务控制器 Action 类。在请求返回时则按原路径及次序逆向返回，依次通过各拦截器组件，最后到达主控制器。

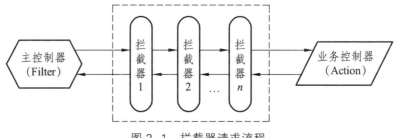

图 2-1 拦截器请求流程

2.1.3 业务控制器

业务控制器也叫 Action 类，是 Struts2 框架中的三级控制器，也是最低级别的控制器组件，负责与业务模型层交互，返回请求响应的视图映射。业务控制器是 Struts2 框架中使用最多的控制器组件，由程序员在编码开发过程中根据实际需求自由定义，自主开发实现，主要出现在软件开发周期的模块设计阶段及编码阶段。一般来说，业务控制器需满足 Struts2 框架中的以下三条相关编码规范。

（1）业务控制类必须根据业务种类命名为×××Action 相关类，如用户操作相关类命名为 UserAction，登录操作相关类命名为 LoginAction。

（2）业务控制类一般来说需继承框架中的 ActionSupport 类，该类为工具类，其中定义了工具方法及相关业务常量，继承此类后可直接使用相关方法及常量。

（3）业务控制类中至少需定义一个业务控制方法，以处理主控制器转发过来的请求，承担业务控制器的本职角色。

2.2 拦截器语法

Struts2 框架中的拦截器组件，使用了 AOP（面向切面编程）的代理思想。主控制器的请求通过拦截器组件的层级代理，再进而委派到业务控制器上，可实现在请求到 Action 类前，对请求的各种安全性校验，如授权认证、日志信息记录、业务合法性检查等。在请求返回时，通过拦截器组件的代理，可实现资源释放、内存回收、事务提交等相关操作，以提高系统性能。拦截器组件一般应用在系统架构层次，在 Web 应用系统设计阶段可根据模块之间交互实现需求，自由定义各种拦截器组件，以实现系统相关功能。

2.2.1 拦截器配置

每一个由开发人员自定义拦截器组件都需要实现 com.opensymphony.xwork2. interceptor 包中的 Interceptor 接口，同时需要在框架配置文件 struts.xml 中做相关的声明与配置，格式如下：

```
<package>
    <interceptors>
        <interceptor> ... </interceptor>
    </interceptors>
</package>
```

在<package>节点中通过<interceptors>子节点来声明本模块下对应的拦截器集合，进而通过<interceptor>节点来声明定义每一个拦截器，一个<interceptors>节点下可以有多个<interceptor>节点。

在以下的拦截器代码配置中，表示定义了两个拦截器，分别为 AbcInterceptor 及 EfgInterceptor 拦截器类，<interceprot>节点中的 name 属性为自定义拦截器的名称，class 属性为自定义拦截器所对应的 Java 类的位置，需声明包位置。

```
<package name="mypackage" extends="struts-default">
<interceptors>
    <interceptor name="abcInter" class="com.AbcInterceptor"></interceptor>
    <interceptor name="efgInter" class="com.EfgInterceptor"></interceptor>
</interceptors>
</package>
```

在某些场景下，如果若干个拦截器总是一同出现，来完成相关的功能或职责，则把这些拦截器捆绑为一个整体，称为拦截器栈，当调用该整体组件时，所有的拦截器都将发生作用。如下面的代码则配置了一个名称为"webStack"的拦截器栈，该拦截器栈中包含 exception、workflow、params、abcInter、efgInter 五个拦截器，一旦该拦截器栈被调用，以上五个拦截器将共同生效。

```xml
<package name="mypackage" extends="struts-default">
  <interceptors>
    <interceptor name="abcInter" class="com.AbcInterceptor"></interceptor>
    <interceptor name="efgInter" class="com.EfgInterceptor"></interceptor>

    <interceptor-stack name="webStack">
      <interceptor-ref name="exception"/>
      <interceptor-ref name="workflow"/>
      <interceptor-ref name="params"/>
      <interceptor-ref name="abcInter"/>
      <interceptor-ref name="efgInter"/>
    </interceptor-stack>
  </interceptors>
</package>
```

2.2.2 拦截器调用

拦截器组件主要是针对 Action 业务请求的代理委派，因而拦截器组件的调用与 Action 请求是捆绑在一块的。拦截器组件需要在 Action 的配置节点中，声明请求代理拦截关系。如下面的配置中，表示名称为 deploy 的 Action 节点与拦截器栈 demoStack 及拦截器 workflow、params、depInter、testInter 有代理委托关系，当请求到达 DeployAction 前，会被以上所有拦截器组件拦截。

在一系列的拦截器组件中，各拦截器按其在<action>节点中的声明位置，从上到下的顺序依次被调用。比如以下配置的 Action 节点中，请求在到达 DeployAction 节点前，会先被拦截器栈 demoStack 拦截，demoStack 中的 alias、timer、i18n 拦截器依次会被调用；拦截器栈 demoStack 执行完毕后，则继续依次调用后面的拦截器 workflow、params、depInter、testInter；调用完毕后请求才能到达 DeployAction 控制器中。

```xml
<package name="myhello" extends="struts-default">
    <interceptors>
        <interceptor name="depInter" class="com.DepInter"> </interceptor>
```

```
    <interceptor name="testInter" class="com.TestInter"> </interceptor>
    <interceptor-stack name="demoStack">
        <interceptor-ref name="alias"></interceptor-ref>
        <interceptor-ref name="timer"></interceptor-ref>
        <interceptor-ref name="i18n"></interceptor-ref>
    </interceptor-stack>
</interceptors>
<action name="deploy" class="com.web.DeployAction">
    <interceptor-ref name=" demoStack"></interceptor-ref>
    <interceptor-ref name="workflow"></interceptor-ref>
    <interceptor-ref name=" params "></interceptor-ref>
    <interceptor-ref name="depInter"></interceptor-ref>
    <interceptor-ref name="testInter"></interceptor-ref>
    <result name="show">/show.jsp</result>
</action>
</package>
```

2.2.3 默认拦截器

在很多的场景下可以看到，<action>节点中并没有拦截器的配置，这并不是说这个 Action 类就没有与拦截器发生拦截委派关系，而是默认的拦截器自动与 Action 类发生拦截委派关系。当<package>节点中声明了默认的拦截器，则当此<package>节点下的所有没有显示声明引用拦截器组件的<action>节点，都将使用本<package>节点中的默认拦截器。定义默认拦截器使用<default-interceptor-ref>节点，例如在如下的代码配置中，表示在 myhello 的<package>节点中，定义了一个名称为 myWebInterceptor 的默认拦截器，此<package>节点中没有显式引用拦截器组件的 HiAction 与 HahaAction 两个 Action 类节点，将自动与默认拦截器 myWebInterceptor 相绑定，每次业务请求到达 Action 类前都将被 myWebInterceptor 组件先拦截。

```
<package name="myhello" extends="struts-default">
    <default-interceptor-ref name="myWebInterceptor"/>
    <action name="hi" class="com.HiAction">
        <result name="ok">/ok.jsp</result>
    </action>
```

```
    <action name="haha" class="com.HahaAction">
        <result name="success">/success.jsp</result>
    </action>
</package>
```

在一些常用场景下，经常看到<package>节点中并没有声明默认拦截器，这并不是说本 package 就没有默认拦截器。在<package>节点中有 extends 属性，即声明了本 package与 Struts2 框架中其他 package 的子父继承关系，虽然本<package>节点中没有定义默认的拦截器，但在 Struts2 框架中的 struts-default 父节点中却声明了默认拦截器，父节点中的默认拦截器也可以被子类继承，因而当某个<package>节点中没有定义默认拦截器时，即以父节点中定义的默认拦截器作为本节点的默认拦截器。

当<action>节点中显示引用了拦截器组件，则默认的拦截器将自动失效。例如在如下的代码配置中，HiAction 类显示引用了 params、workflow 两个拦截器组件，则本<package>节点中定义的默认拦截器 myWebInterceptor 在 HiAction 类将失效。

```
<package name="myhello" extends="struts-default">
    <default-interceptor-ref name="myWebInterceptor"/>
    <action name="hi" class="com.HiAction">
        <interceptor-ref name="params"></interceptor-ref>
        <interceptor-ref name="workflow"></interceptor-ref>
        <result name="ok">/ok.jsp</result>
    </action>
</package>
```

2.2.4 框架拦截器

在很多的场景下可以看到，Struts2 框架配置文件 struts.xml 的<package>节点中，并没有关于拦截器框架的配置，这个并不说明此处的 Action 节点的请求流程不受拦截器组件的控制。如果 Action 节点脱离框架中的拦截器组件的控制，那整个 Struts2 框架将彻底失效。

当<package>节点中，没有配置拦截器时，所有相关的 Action 节点将继承或间接使用 Struts2 框架中所定义的拦截器组件。在<package>节点中的 extends 属性表示本 package模块将继承 Struts2 框架中的父 package "struts-default"，具体配置如下：

```
<package name="myAction" extends="struts-default">
    <action name="hello" class="com.demo.HelloAction">
```

```
        <result name="show">/show.jsp</result>

    </action>

</package>
```

"struts-default"定义在系统框架的 struts-default.xml 配置文件中，此文件中配置了 Struts2 框架的各种默认设置，而 struts-default.xml 文件则定义在 Struts2 框架的 struts2-core-2.×.×.×.jar 包下，如图 2-2 和图 2-3 所示。

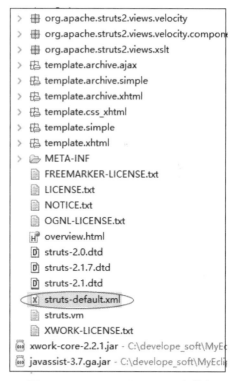

图 2-2 struts2-core-2.×.×.×.jar 包　　　图 2-3 struts-default.xml 文件包

双击 struts-default.xml 文件，打开后可以看到文件中关于"struts-default"的配置："<package name="struts-default" abstract="true">"，同时还可以看到本<package>节点中定义了各种各样的系统拦截器组件及拦截器栈，如下：

（1）拦截器组件：

别名拦截器：

```
<interceptor name="alias" />
```

自动绑定拦截器：

```
<interceptor name="autowiring" />
```

传递链拦截器：

```
<interceptor name="chain" />
```

Cookie 拦截器：

```
<interceptor name="cookie" />
```

Session 自动清理拦截器：

```
<interceptor name="clearSession" />
```

Session 自动创建拦截器：

```
<interceptor name="createSession" />
```

调试拦截器：

```
<interceptor name="debugging" />
```

等待拦截器：

```
<interceptor name="execAndWait" />
```

异常拦截器：

```
<interceptor name="exception" />
```

文件上传拦截器：

```
<interceptor name="fileUpload" />
```

I18n 国际化拦截器：

```
<interceptor name="i18n" />
```

日志拦截器：

```
<interceptor name="logger" />
```

模型驱动拦截器：

```
<interceptor name="modelDriven" />
```

模型范围拦截器：

```
<interceptor name="scopedModelDriven" />
```

参数拦截器：

```
<interceptor name="params" />
```

Action 映射参数拦截器：

```
<interceptor name="actionMappingParams" />
```

静态参数拦截器：

```
<interceptor name="staticParams" "/>
```

范围拦截器：

```
<interceptor name="scope" />
```

Servlet 配置拦截器：

```
<interceptor name="servletConfig" />
```

Session 自动绑定拦截器：

```
<interceptor name="sessionAutowiring" />
```

时间拦截器：

```
<interceptor name="timer" />
```

票据拦截器：

```
<interceptor name="token" />
```

Session 票据拦截器：

```
<interceptor name="tokenSession" />
```

校验拦截器：

```
<interceptor name="validation" />
```

工作流拦截器：

```
<interceptor name="workflow" "/>
```

多选框拦截器：

```
<interceptor name="checkbox" />
```

权限拦截器：

```
<interceptor name="roles" />
```

Json 校验拦截器：

```
<interceptor name="jsonValidation" />
```

工作流注解拦截器：

```
<interceptor name="annotationWorkflow" />
```

（2）拦截器栈：

别名拦截器：

```
<interceptor name="alias" />
```

自动绑定拦截器：

```
<interceptor name="autowiring" />
```

基础拦截器栈：

```
<interceptor-stack name="basicStack">
```

工作流及校验拦截器栈：

```
<interceptor-stack name="validationWorkflowStack">
```

Json 有效性拦截器栈：

```
<interceptor-stack name="jsonValidationWorkflowStack">
```

文件上传拦截器栈：

```
<interceptor-stack name="fileUploadStack">
```

模型驱动拦截器栈：

```
<interceptor-stack name="modelDrivenStack">
```

Action 传递链拦截器栈：

```
<interceptor-stack name="chainStack">
```

I18n 国际化拦截器栈：

```
<interceptor-stack name="i18nStack">
```

参数传递拦截器栈：

```
<interceptor-stack name="paramsPrepareParamsStack">
```

框架默认拦截器栈：

```
<interceptor-stack name="defaultStack">
```

运行与等待拦截器栈：

```
<interceptor-stack name="executeAndWaitStack">
```

在"struts-default"配置中还可以看到："<default-interceptor-ref name="defaultStack"/>"，表示该<package>所定义的默认拦截器组件为拦截器栈"defaultStack"，即 struts.xml 文件中当<package>与<action>节点配置中没有显式使用拦截器组件时，将由框架内的"defaultStack"截器栈对 Action 请求进行上下文环境处理。"defaultStack"截器栈中包含保证框架正常运转所需要的基本拦截处理动作，由 18 种拦截器组件共同组成，配置细节如下：

```
<interceptor-stack name="defaultStack">
    <interceptor-ref name="exception"/>
    <interceptor-ref name="alias"/>
    <interceptor-ref name="servletConfig"/>
    <interceptor-ref name="i18n"/>
    <interceptor-ref name="prepare"/>
    <interceptor-ref name="chain"/>
    <interceptor-ref name="debugging"/>
    <interceptor-ref name="scopedModelDriven"/>
```

```
<interceptor-ref name="modelDriven"/>
<interceptor-ref name="fileUpload"/>
<interceptor-ref name="checkbox"/>
<interceptor-ref name="multiselect"/>
<interceptor-ref name="staticParams"/>
<interceptor-ref name="actionMappingParams"/>
<interceptor-ref name="params">
  <param name="excludeParams">dojo\..*,^struts\.. *</param>
</interceptor-ref>
<interceptor-ref name="conversionError"/>
<interceptor-ref name="validation">
    <param name="excludeMethods">input,back,cancel,browse</param>
</interceptor-ref>
<interceptor-ref name="workflow">
    <param name="excludeMethods">input,back,cancel,browse </param>
</interceptor-ref>
</interceptor-stack>
```

2.3 自定义拦截器

拦截器在 Struts2 框架中的重要作用不言而喻，系统框架中本身附带了极其丰富的相关组件，可满足框架对流程控制的基本需求。但在一些特定场合下，框架本身自带的拦截器组件不足以满足更灵活、复杂的系统架构、性能或业务方面的需求，此时就需要开发人员根据实际需求自定义拦截器，对系统中请求流程施加额外的影响。

自定义编程开发拦截器组件必须对两个方面进行编码配置开发，第一是自定义类要实现拦截器接口 interceptor，第二是要实现接口中的拦截器抽象方法 intercept。

2.3.1 实现拦截器接口

无论是 Struts2 框架中自带的拦截器还是开发人员自定义的拦截组件均需要统一实现接口 "com.opensymphony.xwork2.interceptor.Interceptor"，该接口位于 Struts2 框架的

xwork-core-2.×.×.×.jar 文件中，接口内有以下相关抽象方法。

（1）public void init()：

① Interceptor 实例初始化方法；

② 拦截器业务方法执行前调用。

（2）public String intercept(ActionInvocation invo) throws Exception：

拦截器业务方法，在此方法中实现拦截器编码。

（3）public void destroy()：

① Interceptor 实例销毁方法；

② 拦截器业务方法执行完毕后，实例销毁前调用。

2.3.2 实现接口抽象方法

拦截器的业务方法为 intercept，需实现父接口中对应的抽象方法，该方法中包含参数 ActionInvocation，当请求到达拦截器后，会自动执行此方法，并传入 ActionInvocation 实例。

1．方法 intercept

（1）返回值 String 将被上一个拦截器组件接收；

（2）含参数 ActionInvocation 实例；

（3）参数实例执行 invokeActionOnly 时，必须返回对应值；

（4）参数实例执行 invokeA 时，无返回值要求。

2．参数 ActionInvocation

（1）getAction 方法：

返回请求的 Action 对象。

（2）invoke 方法：

① 请求流向下一个目标组件；

② 其返回值为上一目标组件的返回对象。

（3）invokeActionOnly 方法：

① 请求直接流向 Action 组件，跳过所有其他拦截器组件；

② 其返回值为 Action 组件的返回对象；

③ 必须接收此方法的返回值，并作为 intercept 方法的返回值。

2.4 应用项目开发

拦截器是一种重要组件，在 Struts 框架中有着极其重要的作用，框架中众多的功能模块需要依赖拦截器组件的担当与传递，除自带拦截器外在实际应用中还可以自定义开发合适的拦截器，以满足业务需求。

2.4.1 应用项目描述

在一个电商平台的采购模块中，有商品选购及支付两个业务功能。在本模块中普通用户的支付权限是有一定的额度限制的，在额度范围内可以正常支付，超出额度范围则无法付款。请以拦截器组件的方式实现相关功能。

（1）在商品选购视图上有多种产品，用户可自由选择，并进行结账操作，在业务控制器 Action 类中进行价格汇总。

（2）使用拦截器组件检查所选购产品的总价格是否在限额范围内，超过限额范围直接中止支付请求，未超出范围则正常支付。

（3）如未超出限额范围则检查支付密码是否正确（固定为 "123456"），输入正确则正常订购，提示相关操作结果。

2.4.2 编码开发

本项目采用 Struts 框架的拦截器组件 Interceptor 来实现对支付金额的校核，保证所有支付订单的额度不超过 10000 元，并通过支付密码的方式保证用户有相关支付权限。

1. Struts 校验框架搭建

在 MyEclipse 开发工具上创建一个名称为 "pay_web" 的工程，并添加 Struts 框架组件，完成后修改 web.xml 文件中的 Struts 的中央处理器为 FilterDispatcher，具体配置参考 web.xml 文件。

web.xml 文件：

```xml
<?xml version="1.0" encoding="UTF-8"?>
<web-app version="2.5"
    xmlns="http://java.sun.com/xml/ns/javaee"
    xmlns:xsi="http://www.w3.org/2001/XMLSchema-instance"
    xsi:schemaLocation="http://java.sun.com/xml/ns/javaee
```

```
        http://java.sun.com/xml/ns/javaee/web-app_2_5.xsd">
    <display-name></display-name>
    <welcome-file-list>
        <welcome-file>index.jsp</welcome-file>
    </welcome-file-list>
        <filter>
        <filter-name>struts2</filter-name>
        <filter-class>
            org.apache.struts2.dispatcher.FilterDispatcher
        </filter-class>
    </filter>
    <filter-mapping>
        <filter-name>struts2</filter-name>
        <url-pattern>*.action</url-pattern>
    </filter-mapping>
</web-app>
```

2. 商品选购功能开发

商品选购模块主要实现对在线电子产品的选择，然后校核支付金额，数据发送到支付模块，所需要开发的模块资源包含前端视图 shop.jsp、limit.jsp，Struts 框架配置文件 struts.xml，自定义拦截器类 MoneyInterceptor.java，业务控制器类 ShoppingAction.java。

1）shop.jsp

商品订购首页视图如图 2-4 所示，视图中通过表单向后端发送 struts 类型的请求，具体编码实现参考 shop.jsp 文件。

图 2-4　商品订购视图

shop.jsp 文件:

```jsp
<%@ page language="java" import="java.util.*" pageEncoding= "UTF-8"%>
<!DOCTYPE HTML PUBLIC "-//W3C//DTD HTML 4.01 Transitional//EN">
<html>
  <body>
    <center>
    <h3>电子产品在线采购</h3>
    <p>
    <form action = "shop.action" method="post" >
    <input type="checkbox" name="shop" value="1">智能手机（3500元）<br>
    <input type="checkbox" name="shop" value="2">音响设备（5000元）<br>
    <input type="checkbox" name="shop" value="3">灯光设备（3000元）<br>
    <input type="checkbox" name="shop" value="4">制冷设备（4000元）<br>
    <input type="checkbox" name="shop" value="5">播放设备（6000元）<br>
    <input type="checkbox" name="shop" value="6">平板电脑（2500元）<br><br>
    <input type="submit" value="付款">
    </form>
    </center>
  </body>
</html>
```

2）struts.xml

商品订购视图发送提交请求后，首先到 Struts 框架配置文件下找到相匹配的 Action 业务控制器类，相关编码配置参考 struts.xml 文件。

struts.xml 文件:

```xml
<?xml version="1.0" encoding="UTF-8" ?>
<!DOCTYPE struts PUBLIC "-//Apache Software Foundation//DTD Struts
Configuration 2.1//EN" "http://struts.apache.org/dtds/struts-2.1.dtd">
<struts>
    <package name="shop" extends="struts-default">
        <interceptors>
            <interceptor name="moneyInter"
            class="com.inter.MoneyInterceptor"></interceptor>
        </interceptors>
```

```
            <action name="shop" class="com.inter.ShoppingAction"
                method="doShopping">
                <interceptor-ref name="defaultStack"> </interceptor-ref>
                <interceptor-ref name="moneyInter"> </interceptor-ref>
                <result name="success">/pay.jsp</result>
                <result name="fail">/shop.jsp</result>
                <result name="limit">/limit.jsp</result>
            </action>
            <action name="pay" class="com.inter.PayingAction"
                method="doPaying">
                <result name="success">/success.jsp</result>
                <result name="fail">/pay.jsp</result>
            </action>
        </package>
</struts>
```

3）MoneyInterceptor.java

前端视图请求经 struts.xml 文件匹配后将流向 Action 控制器类，在流程真正到达 Action 类前将会被自定义拦截器截获，进行订单金额校验，具体实现参考 MoneyInterceptor.java、struts.xml 文件。

MoneyInterceptor.java 文件：

```
package com.inter;
import com.opensymphony.xwork2.ActionInvocation;
import com.opensymphony.xwork2.interceptor.Interceptor;

public class MoneyInterceptor implements Interceptor{
    public void destroy() {
    }
    public void init() {
    }
    public String intercept(ActionInvocation invo) throws Exception {
        ShoppingAction action= (ShoppingAction)invo.getAction();
        String[] shop = action.getShop();
        int sum = 0;
```

```
        if (shop!=null&&shop.length>0) {
            for (int i = 0; i < shop.length; i++) {
                String commodity = shop[i];
                if (commodity.equals("1")) {
                    sum = sum + 3500;
                }
                else if (commodity.equals("2")) {
                    sum = sum + 5000;
                }
                else if (commodity.equals("3")) {
                    sum = sum + 3000;
                }
                else if (commodity.equals("4")) {
                    sum = sum + 4000;
                }
                else if (commodity.equals("5")) {
                    sum = sum + 6000;
                }
                else if (commodity.equals("6")) {
                    sum = sum + 2500;
                }
            }
        }
        if (sum<10000) {
            invo.invoke();
        }
        else{
            return "limit";
        }
        return null;
    }
}
```

4）limit.jsp

自定义拦截器中若检查到订单金额超出限额 10000 元,则直接转跳到相关提示视图,如图 2-5 所示,并结束流程,具体实现参考 limit.jsp 文件。

支付金额校验

订单总额超过最大限制（10000元），无法支付。

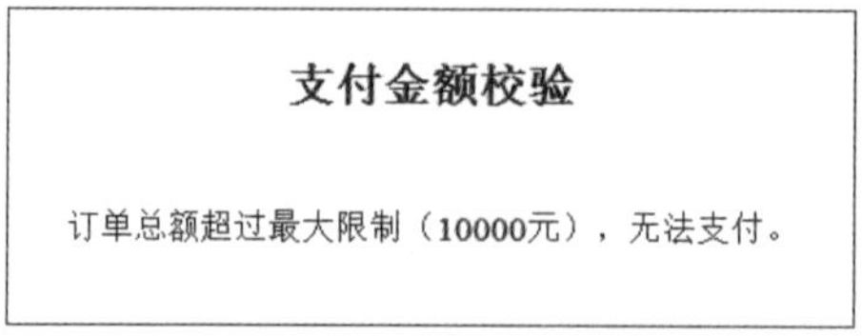

图 2-5　超出限额视图

limit.jsp 文件:

```
<%@ page language="java" import="java.util.*" pageEncoding="UTF-8"%>
<%@ taglib uri="http://java.sun.com/jstl/core_rt" prefix="c"%>
<!DOCTYPE HTML PUBLIC "-//W3C//DTD HTML 4.01 Transitional//EN">
<html>
  <head>
  </head>
  <body>
    <center>
    <br>
    <h3>支付金额校验</h3>
    <br>
    <font size="2" color="000000">
    订单总额超过最大限制（10000元），无法支付。
    </font>
    </center>
  </body>
</html>
```

5）ShoppingAction.java

自定义拦截器校核后,订单金额未超限额则流向 ShoppingAction 类,在此类中执行 doShopping 方法,汇总统计订单金额并传递到支付视图,具体实现参考 ShoppingAction.java 文件。

ShoppingAction.java 文件:

```
package com.web;
```

```java
package com.inter;
import org.apache.struts2.ServletActionContext;

public class ShoppingAction {
    private String[] shop;
    public String[] getShop() {
        return shop;
    }
    public void setShop(String[] shop) {
        this.shop = shop;
    }
    public String doShopping(){
        int sum = 0;
        if (shop!=null&&shop.length>0) {
            for (int i = 0; i < shop.length; i++) {
                String commodity = shop[i];
                if (commodity.equals("1")) {
                    sum = sum + 3500;
                }
                else if (commodity.equals("2")) {
                    sum = sum + 5000;
                }
                else if (commodity.equals("3")) {
                    sum = sum + 3000;
                }
                else if (commodity.equals("4")) {
                    sum = sum + 4000;
                }
                else if (commodity.equals("5")) {
                    sum = sum + 6000;
                }
                else if (commodity.equals("6")) {
                    sum = sum + 2500;
```

```
                }
            }
        }
        ServletActionContext.getRequest().getSession()
            .setAttribute("total_money", sum);
        return "success";
        }
    }
```

3. 在线支付功能开发

商品选购流程完成后，数据将传递到支付模块，在此模块主要实现对支付密码的校验及展示相关订购操作信息，所需要开发的模块资源包含前端视图 pay.jsp、success.jsp，业务控制器类 PayingAction.java。

1）pay.jsp

支付视图可展示支付金额并接收支付密码，如图 2-6 所示，视图中通过表单向后端发送 struts 类型的请求，具体编码实现参考 add_money.jsp 文件。

图 2-6　支付视图

pay.jsp 文件：

```
<%@ page language="java" import="java.util.*" pageEncoding= "UTF-8"%>
<!DOCTYPE HTML PUBLIC "-//W3C//DTD HTML 4.01 Transitional//EN">
<html>
  <body>
    <center>
```

```
<h3>在线支付</h3>
<p>
<form action = "pay.action" method="post" >
<font size="2" color="000000">你的订单总金额是：<br>${total_ money}元
<br><br>
支付密码：<input type="password" name="pwd" size="3"/><br><br>
</font>
<input type="submit" value="提交">
</form>
</center>
  </body>
</html>
```

2）PayingAction.java

前端视图请求经 struts.xml 文件匹配后将流向 PayingAction 类，在此类中执行 doPaying 方法，校验支付密码是否为"123456"，具体实现参考 PayingAction.java 文件。

PayingAction.java 文件：

```
package com.inter;

public class PayingAction {
    private String pwd;
    public String getPwd() {
        return pwd;
    }
    public void setPwd(String pwd) {
        this.pwd = pwd;
    }
    public String doPaying(){
        String show = "fail";
        if (pwd!=null&&!pwd.equals("")) {
            if (pwd.equals("123456")) {
                return show = "success";
            }
        }
```

```
        return show;
    }
}
```

3）suceess.jsp

支付校验通过后流程将转跳到订购操作结果视图，如图 2-7 所示，具体实现参考 success.jsp 文件。

```
                    支付结果

              支付完成，产品订购成功。
```

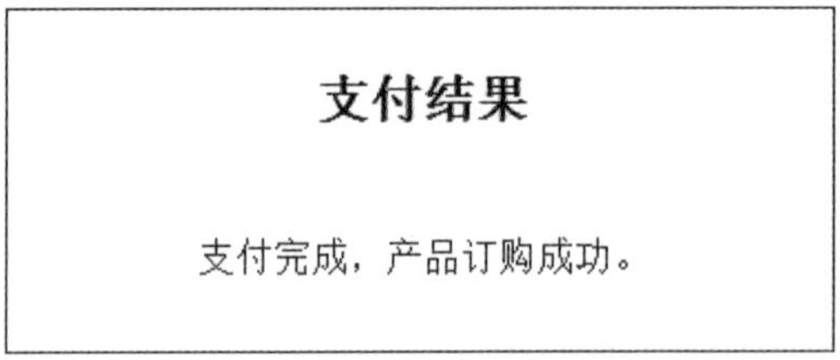

图 2-7　支付结果视图

success.jsp 文件：

```
<%@ page language="java" import="java.util.*" pageEncoding="UTF-8"%>
<!DOCTYPE HTML PUBLIC "-//W3C//DTD HTML 4.01 Transitional//EN">
<html>
  <head>
  </head>
  <body>
    <center>
    <br>
    <h3>支付结果</h3>
    <br>
    <font size="2" color="000000">支付完成，产品订购成功。</font>
    </center>
  </body>
</html>
```

Struts2 框架会话管理

本章将讨论 Struts2 框架的上下文环境类（ActionContext）功能及相关用法，讲解业务控制器类（Action）的属性及相关配置，详细论述 request、session、application 三种级别的会话管理实现及流程控制关系，以及在视图与逻辑处置层之间数据传递中的实现过程。

3.1 上下文环境管理

上下文化是指应用程序运行时其所依赖的容器环境，是保证应用程序正确运行的数据基础及业务交互基础。在应用程序运行过程中，先前操作会影响到后继的系统操作。如在一个电商平台中，用户如果先前是经过登录安全及权限认证，则后继的订单购买、积分查询、添加商品到购物车等操作可直接进行，如果之前是没有经过登录认证，则不能直接进行后继的操作，故登录认证就是平台各种业务操作中的上文环境。当用户已经选择好商品并且已经成功下订单，下一步将会支付订单的费用，则支付环节为当前应用程序的下文环境。下文环境受制于上文环境的操作影响。

3.1.1 ActionContext 类

ActionContext 是一个专门管理 Struts2 框架上下文环境的工具类，类中有众多的函数可以支持在视图与逻辑处理层之间的上下文数据传递。在 Struts2 框架之前的 Struts1 框架中，前后端之间的上下文数据是通过后端直接耦合前端视图类 HttpServletRequest、HttpServletResponse 来实现。这种方式下，会导致视图与逻辑处理层之间的关联过于紧密，耦合度非常高，不利于系统的扩展、维护。

基于对 Struts1 框架的弊端进行优化与改进，Struts2 框架中新引入了 ActionContext 类专门用于管理前后端之间的上下文环境数据，替代原来 Java Web 容器中的视图类。在本质上，ActionContext 类是对容器视图类 HttpServletRequest、HttpServletResponse 进行了新的封装，并在后端开放自身的接口，在逻辑处理层通过引入 ActionContext 类即可实现上下文会话数据管理，实现视图层与逻辑处理之间进一步解耦。

ActionContext 编程：

（1）ActionContext 上下文环境类：

```
com.opensymphony.xwork2.ActionContext
```

（2）实例获取方法：

```
ActionContext context = ActionContext.getContext()
```

单例方式，以保证上文空间数据准确一致。

3.1.2 ServletActionContext 类

ActionContext 底层封装了视图层的容器类，在一定程度上实现相关的类库的基本功能，满足逻辑层基本的业务需求，但它并不能完全替代视图层的容器类，在一些特殊场景下，仍然要在后端逻辑层使用视图容器类。在逻辑层获取视图容器类实例的方式，可以通过另一个 ServletActionContext 视图工具类来实现。

ServletActionContext 是一个获取前端视图层容器类实例的专用工具类，ServletActionContext 类中所有方法均为静态方法，提供了众多的方法与常量可直接关联视图层的容器类实例，也可以直接关联 ActionContext 类实例。

1. 获得视图容器类实例

（1）getActionMapping()：

取得 ActionMapping 实例。

（2）getPageContext()：

① 取得 PageContext 实例；

② 同一页面的数据空间。

（3）getRequest()：

① 取得 HttpServletRequest 实例；

② 同一请求的数据空间。

（4）getResponse()：

取得 HttpServletResponse 实例。

（5）getServletContext()：

① 取得 ServletContext 实例；

② 同一应用（服务）的数据空间。

（6）getContext()：

取得 ActionContext 实例。

2. 设置视图容器类实例

（1）setRequest(HttpServletRequest request)：

① 绑定 HttpServletRequest 对象；

② 参数传入绑定对象。

（2）setResponse(HttpServletResponse response)：

① 绑定 HttpServletResponse 对象；

② 参数传入绑定对象。

（3）setServletContext(ServletContext servletContext)：

① 绑定 ServletContext 对象；

② 参数传入绑定对象。

（4）setContext(ActionContext context)：

① 绑定 ActionContext 对象；

② 参数传入绑定对象。

3.2 会话数据管理

会话数据是指视图层与逻辑层在请求交互过程中的数据传递。Java Web 开发技术中常见会话范围分为四个级别，分别是：同一页面数据请求空间、同一次请求数据空间、同一次会话数据空间、同一应用服务数据空间。

3.2.1 会话数据范围

1. 同一页面数据请求空间

该数据空间也称为 page 级别会话范围，是指数据只在同一页面的请求范围内有效，不同页面的请求范围，数据将失效。此级别会话数据空间，一般较少使用，ActionContext 上下文环境类中也没有对此级别会话空间有专门的支持。

2. 同一次请求数据空间

该数据空间也称为 request 级别会话范围，是指数据只在同一次的请求范围内有效，只要是同一次请求范围内，即使数据在不同页面间也能传递，如同一次请求中数据可以从 a 页面传递到 b 页面，超出同一次请求范围，则数据失效。ActionContext 上下文环境类对此级别会话空间有专门的支持。

3. 同一次会话数据空间

该数据空间也称为 session 级别会话范围，是指数据只在同一次会话的范围内有效，只要是同一个浏览器上对同一个应用发出的请求数据均为同一会话数据。只要是同一客户的同一会话范围内，数据可以在前后端之间，不同页面之间实现数据共享，超出同一会话范围，则数据不能共享。ActionContext 上下文环境类对此级别会话空间有专门的支持。

4. 同一应用数据空间

该数据空间也称为 application 级别会话范围，是指数据只在同一应用程序或同一Web 服务的范围内有效。只要是同一应用服务范围内，数据可以任意在任意客户间，在前端视图与后端逻辑之间，在不同页面之间实现数据共享。ActionContext 上下文环境类对此级别会话空间有专门的支持。

3.2.2 request 会话

request 会话是视图层与逻辑层之间同一个请求级别的会话，在此会话中的数据可以在同一个请求中无障碍共享，实现前后端环境的上下文数据管理。

在 Struts2 框架中实现对 request 会话的上下文数据维护要依托 ActionContext 环境类，在该类中提供了 get 与 put 的方法来实现对会话中数据的读取与存储。

1. put 方法

```
public void put(Object key,Object value)
```
（1）实现对 request 会话中上下文数据的写入；
（2）参数为键值对结构（Key/Value）。

2. get 方法

```
public Object get(Object key)
```
（1）实现对 request 会话中上下文数据的读取；
（2）参数传入 Key 值。

3.2.3 session 会话

session 会话是视图层与逻辑层之间同一个会话级别的数据空间，同一个浏览器客户端上的请求均属于同一个 session 空间上的数据，在此空间中的数据可以在 session 会话中无障碍共享，实现前后端环境的上下文数据管理。

在 Struts2 框架中实现对 session 会话的上下文数据维护要依托 ActionContext 环境类，在该类中提供了 getSession 方法来实现对会话中数据的读取与存储。

1. getSession 方法

```
Map<String, Object> getSession()
```

返回一个与 session 级别相关联的数据空间 Map 对象。

2. put 方法

```
public void put(Object key,Object value)
```

（1）通过与 session 空间相关联的 Map 对象调用；

（2）实现对 session 会话中上下文数据的写入；

（3）参数为键值对结构（Key/Value）。

3. get 方法

```
public Object get(Object key)
```

（1）通过与 session 空间相关联的 Map 对象调用；

（2）实现对 session 会话中上下文数据的读取；

（3）参数传入 Key 值。

3.2.4 application 会话

application 会话是视图层与逻辑层之间同一个应用级别的数据空间，同一个 Web 服务上的所有请求均属于同一个 application 空间上的数据，在此空间中的数据可以在 application 会话中无障碍共享，实现前后端环境的上下文数据管理。

在 Struts2 框架中实现对 application 会话的上下文数据维护要依托 ActionContext 环境类，在该类中提供了 getApplication 方法来实现对会话中数据的读取与存储。

1. getApplication 方法

```
Map<String, Object> getApplication()
```

返回一个与 application 级别相关联的数据空间 Map 对象。

2. put 方法

```
public void put(Object key,Object value)
```

（1）通过与 application 空间相关联的 Map 对象调用；

（2）实现对 application 会话中上下文数据的写入；

（3）参数为键值对结构（Key/Value）。

3. get 方法

```
public Object get(Object key)
```

（1）通过与 application 空间相关联的 Map 对象调用；

（2）实现对 application 会话中上下文数据的读取；

（3）参数传入 Key 值。

3.3 应用项目开发

上下文环境管理是 Java EE 应用系统的重要组成部分，Struts2 框架通过 ActionContext 类实现前端视图与后端应用的数据传递，并且进一步使前后端组件实现解耦，提升应用系统的扩充性与可移植性。

3.3.1 应用项目描述

在一个用户订购平台中，有用户登录、在线充值、在线订购三个功能模块，每一个模块的相关信息均需写入上下文环境，以实现后继业务操作的连贯性与正确性。请使用 ActionContext 类实现相关功能。

（1）用户登录模块：用户登录时把账号与密码等信息写入 Session 级别存储空间，以供后继业务操作使用。

（2）在线充值模块：用户充值时把充值银行与充值金额等信息写入 Session 级别存储空间，以供后继业务操作使用。

（3）在线订购模块：用户订购产品时把产品信息写入 Session 级别存储空间，并在前端视图提示订购结果、客户余额、充值银行、所订购的产品等信息。

3.3.2 编码开发

本项目采用 Struts 的上下文环境 ActionContext 类的 Session 级别数据空间来实现对数据的前后端传递，保证三个业务模块之间操作上数据的准确性及一体化，并保证数据只在本用户间传递，以维护数据的安全性。

1. Struts 校验框架搭建

在 MyEclipse 开发工具上创建一个名称为"pay_order"的 Web 工程，并添加 Struts 框架组件，完成后修改 web.xml 文件中的 Struts 的中央处理器为 FilterDispatcher，具体配置参考 web.xml 文件。

web.xml 文件：

```xml
<?xml version="1.0" encoding="UTF-8"?>
<web-app version="2.5"
    xmlns="http://java.sun.com/xml/ns/javaee"
    xmlns:xsi="http://www.w3.org/2001/XMLSchema-instance"
    xsi:schemaLocation="http://java.sun.com/xml/ns/javaee
    http://java.sun.com/xml/ns/javaee/web-app_2_5.xsd">
  <display-name></display-name>
  <welcome-file-list>
    <welcome-file>index.jsp</welcome-file>
  </welcome-file-list>
    <filter>
    <filter-name>struts2</filter-name>
    <filter-class>
        org.apache.struts2.dispatcher.FilterDispatcher
    </filter-class>
  </filter>
  <filter-mapping>
    <filter-name>struts2</filter-name>
    <url-pattern>*.action</url-pattern>
  </filter-mapping>
</web-app>
```

2. 用户登录模块开发

用户登录模块主要实现对用户信息的简单检查，然后写入上下文空间，所需要开发的模块资源包含前端登录视图 index.jsp、Struts 框架配置文件 struts.xml 和业务控制器类 UserLoginAction.java。

1）index.jsp

平台的首页为登录视图，如图 3-1 所示，视图中通过表单向后端发送 struts 类型的请求，具体编码实现参考 index.jsp 文件。

图 3-1　登录视图

index.jsp 文件：

```
<%@ page language="java" import="java.util.*" pageEncoding= "UTF-8"%>
<!DOCTYPE HTML PUBLIC "-//W3C//DTD HTML 4.01 Transitional//EN">
<html>
  <body>
    <center>
    <h3>系统登录</h3>
    <p>
    <form action = "userLogin.action" method="post" >
        账号：<input type="text" name="account"><br>
     密码：<input type="password" name="password"><p>
       <input type="submit" value="提交">
       <input type="reset" value="重填">
    </form>
    </center>
  </body>
</html>
```

2）struts.xml

用户登录视图发送提交请求后，首先到 Struts 框架配置文件下找到相匹配的 Action 业务控制器类，相关编码配置参考 struts.xml 文件。

struts.xml 文件：

```xml
<?xml version="1.0" encoding="UTF-8" ?>
<!DOCTYPE struts PUBLIC "-//Apache Software Foundation//DTD Struts
Configuration 2.1//EN" "http://struts.apache.org/dtds/struts-2.1.dtd">
<struts>
    <package name="pay_order" extends="struts-default">
        <action name="userLogin" class="com.web.UserLoginAction"
            method="doUserLogin">
            <result name="success">add_money.jsp</result>
            <result name="fail">index.jsp</result>
        </action>
        <action name="addMoney" class="com.web.AddMoneyAction"
            method="doAddMoney">
            <result name="success">order.jsp</result>
            <result name="fail">add_money.jsp</result>
        </action>
        <action name="putOrder" class="com.web.PutOrderAction"
            method="doPutOrder">
            <result name="success">show.jsp</result>
            <result name="fail">order.jsp</result>
        </action>
    </package>
</struts>
```

3）UserLoginAction.java

前端视图请求经 struts.xml 文件匹配后将流向用户登录 Action 类，在此类中执行 doUserLogin 方法，检查账号与密码是否为空后把信息写入 Session 上下文空间，具体实现参考 UserLoginAction.java 文件。

UserLoginAction.java 文件：

```java
package com.web;
import java.util.Map;
import com.opensymphony.xwork2.ActionContext;


public class UserLoginAction {
```

```
private String account;
private String password;
public String getAccount() {
    return account;
}
public void setAccount(String account) {
    this.account = account;
}
public String getPassword() {
    return password;
}
public void setPassword(String password) {
    this.password = password;
}
public String doUserLogin() {
    if (account!=null&&!account.equals("")
            && password!=null&&!password.equals("")) {
        ActionContext context = ActionContext.getContext();
        Map sess = context.getSession();
        sess.put("account", account);
        sess.put("password", password);
        return "success";
    } else {
        return "fail";
    }
}
}
```

3. 在线充值模块开发

用户完成登录流程后，直接跳入在线充值模块，在此模块主要实现将充值金额及银行信息写入上下文空间，所需要开发的模块资源包含前端在线充值视图 add_money.jsp 和业务控制器类 AddMoneyAction.java。

1）add_money.jsp

在线充值视图可选择充值银行及充值金额，如图 3-2 所示，视图中通过表单向后端发送 struts 类型的请求，具体编码实现参考 add_money.jsp 文件。

图 3-2　在线充值视图

add_money.jsp 文件：

```jsp
<%@ page language="java" import="java.util.*" pageEncoding="UTF-8"%>
<!DOCTYPE HTML PUBLIC "-//W3C//DTD HTML 4.01 Transitional//EN">
<html>
  <body>
    <center>
    <h3>用户充值</h3>
    <p>
    <form action = "addMoney.action" method="post" >
    <input type="radio" name="bank" value="1">中国银行<br>
    <input type="radio" name="bank" value="2">建设银行<br>
    <input type="radio" name="bank" value="3">工商银行<br>
    <input type="radio" name="bank" value="4">农业银行<br>
    <input type="radio" name="bank" value="5">招商银行<br>
    <input type="radio" name="bank" value="6">交通银行<br>
    <input type="radio" name="bank" value="7">中信银行<br>
```

```
<input type="radio" name="bank" value="8">民生银行<br><br>
金额：<input type="text" name="amount" size="2"/> 元<br><br>
<input type="submit" value="提交">
</form>
</center>
  </body>
</html>
```

2）AddMoneyAction.java

前端视图请求经 struts.xml 文件匹配后将流向在线充值 Action 类，在此类中执行 doAddMoney 方法，把信息金额及银行信息写入 Session 上下文空间，具体实现参考 AddMoneyAction.java 文件。

AddMoneyAction.java 文件：

```
package com.web;
import java.util.Map;
import com.opensymphony.xwork2.ActionContext;

public class AddMoneyAction {
    private String bank;
    private String amount;
    public String getBank() {
        return bank;
    }
    public void setBank(String bank) {
        this.bank = bank;
    }
    public String getAmount() {
        return amount;
    }
    public void setAmount(String amount) {
        this.amount = amount;
    }
    public String doAddMoney() {
        if (bank!=null && !amount.equals("")) {
```

```
        Integer money = Integer.parseInt(amount);
        String moneyBank = "";

        if (bank.equals("1")) {
            moneyBank = "中国银行";
        }
        else if (bank.equals("2")) {
            moneyBank = "建设银行";
        }
        else if (bank.equals("3")) {
            moneyBank = "工商银行";
        }
        else if (bank.equals("4")) {
            moneyBank = "农业银行";
        }
        else if (bank.equals("5")) {
            moneyBank = "招商银行";
        }
        else if (bank.equals("6")) {
            moneyBank = "交通银行";
        }
        else if (bank.equals("7")) {
            moneyBank = "中信银行";
        }
        else if (bank.equals("8")) {
            moneyBank = "民生银行";
        }
        ActionContext context = ActionContext.getContext();
        Map sess = context.getSession();
        sess.put("money", money);
        sess.put("moneyBank", moneyBank);
        return "success";
    } else {
```

```
            return "fail";
        }
    }
}
```

4. 在线订购模块开发

用户完成在线充值流程后，直接跳入在线商品订购模块，在此模块主要实现将订购信息写入上下文空间以及在前端视图展示相关操作结果，所需要开发的模块资源包含前端在线订购视图 order.jsp、业务控制器类 PutOrderAction.java 和操作信息展示视图 show.jsp。

1）order.jsp

在线订购视图可选择订购的产品，如图 3-3 所示，视图中通过表单向后端发送 struts 类型的请求，具体编码实现参考 order.jsp 文件。

用户订购

○ 创维电视（4000元）
○ 康佳电视（5000元）
◉ 海信电视（6000元）
○ 长虹电视（7000元）

提交

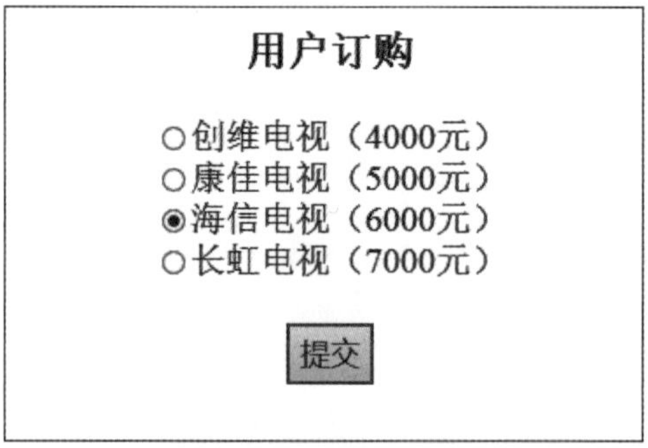

图 3-3　在线订购视图

order.jsp 文件：

```
<%@ page language="java" import="java.util.*" pageEncoding="UTF-8"%>
<!DOCTYPE HTML PUBLIC "-//W3C//DTD HTML 4.01 Transitional//EN">
<html>
  <body>
    <center>
    <h3>用户订购</h3>
    <p>
    <form action = "putOrder.action" method="post" >
    <input type="radio" name="tv" value="1">创维电视（4000元）<br>
```

```
<input type="radio" name="tv" value="2">康佳电视（5000元）<br>
<input type="radio" name="tv" value="3">海信电视（6000元）<br>
<input type="radio" name="tv" value="4">长虹电视（7000元）<br><br>
<input type="submit" value="提交">
</form>
</center>
</body>
</html>
```

2）PutOrderAction.java

前端视图请求经 struts.xml 文件匹配后将流向在线订购 Action 类，在此类中执行 doPutOrder 方法，在此组装用户的相关操作信息，最后写入 Session 上下文空间，具体实现参考 PutOrderAction.java 文件。

PutOrderAction.java 文件：

```
package com.web;
import java.util.Map;
import com.opensymphony.xwork2.ActionContext;

public class PutOrderAction {
    private String tv;
    public String getTv() {
        return tv;
    }
    public void setTv(String tv) {
        this.tv = tv;
    }
    public String doPutOrder() {
        if (tv!=null&&!tv.equals("")) {
            ActionContext context = ActionContext.getContext();
            Map sess = context.getSession();
            Integer money = (Integer) sess.get("money");
            String moneyBank = (String) sess.get("moneyBank");
            String account = (String) sess.get("account");
            Integer price = 0;
```

```
                String tvBrand = "";
                String mess = "";
                if (tv.equals("1")) {
                    tvBrand = "创维电视";
                    price = 4000;
                } else if (tv.equals("2")) {
                    tvBrand = "康佳电视";
                    price = 5000;
                } else if (tv.equals("3")) {
                    tvBrand = "海信电视";
                    price = 6000;
                } else if (tv.equals("4")) {
                    tvBrand = "长虹电视";
                    price = 7000;
                }
                if (money >= price) {
                    mess = "用户:" + account + "<br><br>" + "订购成功（"+tvBrand+"）
                    <br><br>"+"余额"+ (money - price)+"元（"+moneyBank+"）";
                } else {
                    mess = "用户:"+account+"<br><br>"+"你的金额不足，订购失败! ";
                }
                sess.put("mess", mess);
                return "success";
            } else {
                return "fail";
            }
        }
}
```

3）show.jsp

业务订购环节数据经 PutOrderAction 处理写入 Session 上下文空间后，将到达操作结果展示视图，如图 3-4 和图 3-5 所示，具体编码实现参考 show.jsp 文件。

图 3-4　产品订购成功视图

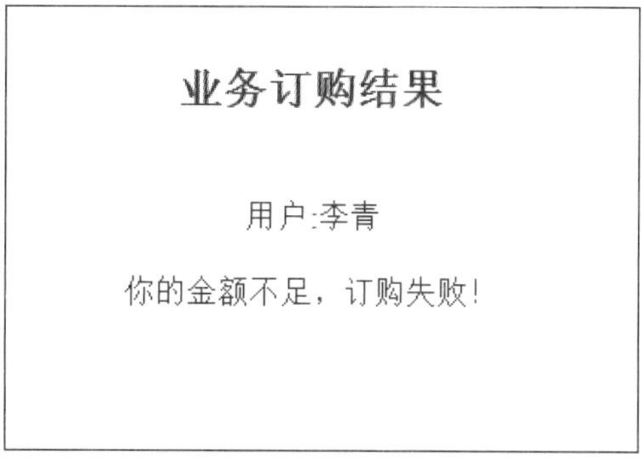

图 3-5　产品订购失败视图

show.jsp 文件：

```jsp
<%@ page language="java" import="java.util.*" pageEncoding= "UTF-8"%>
<%@ taglib uri="http://java.sun.com/jstl/core_rt" prefix="c"%>
<!DOCTYPE HTML PUBLIC "-//W3C//DTD HTML 4.01 Transitional//EN">
<html>
  <head>
  </head>
  <body>
    <center>
    <br>
    <h3>业务订购结果</h3>
    <br>
    <font size="2" color=""000000>${mess}</font>
    <p>
    </center>
  </body>
</html>
```

Struts2 框架前端视图配置处理

本章将论述 Struts 框架的前端视图相关功能及参数配置，阐述 Struts2 框架国际化功能实现及流程控制的异常处理，详述 Struts 中的框架校验规则、编程实现，以及前后端校验的差别与各自适用场景。

4.1 国际化

国际化（Internationalization）也称为 I18n，是指把所开发的信息系统建设成对国外通用的产品，当不同的国家或地区的客户使用本信息系统时，会根据这个国家或地区的语言自动展示对应的文字信息标签，以便国外用户能熟练地使用该信息系统，提升 GUI（图形用户界面）与操作的友好性及系统的可用性。

与国际化相对应的还有本地化（Localization），也称为 L10n，是指把国外的信息系统建设成本地化的 GUI 以及在相关信息标签上展示本国或本地区文字信息，以达到本国、本地区用户能熟练使用该信息系统。

4.1.1 国际化资源文件

信息系统之所以能够自动展示用户所能熟悉的语言，是通过识别操作系统中的语言项来实现的，一般来说，不同国家或地区的用户会根据自己文字在计算机的操作系统中选择对应的语言。I18n 的底层类库通过识别当前机器或浏览器中的语言设置，来展示与其相一致的语言信息标签，从而达到自动识别用户的语言信息。

在国际化实现中，首先要准备好国际化资源文件，它是一种属性文件，里面存放的信息为信息系统界面上的文字信息转码成某种语言文字对应的 Unicode 码。国际化资源文件的命名可以自由定义，但需符合一定的规则，同时信息系统中可以有多个国际化资源文件，每个文件对应一种国际化语言。

1. 国际化资源文件配置

（1）资源文件位置：

位于源码根路径下，即编译后的字节码路径下。

（2）资源文件类型：

必须为属性文件："properties"类型。

（3）资源文件属性：

① 以键值对形式存储信息（Key=Value）；

② 以"#"方式注释某行信息。

2. 键值对信息规则

（1）Key 为信息的名字；

（2）Value 为信息的内容；

（3）每个键值对结构为一行；

（4）以等号"="分隔 Key 与 Value；

（5）每个键值对结构前后不能有空格；

（6）等号"="两边不能有空格。

3. 国际资源文件的命名

（1）基础名称：

资源文件的基础名称可自由定义。

（2）语言代码（部分）：

中文：zh；

英语：en；

德语：de；

法语：fr；

日语：ja。

（3）地区代码（部分）：

中国：CN（大陆），HK（香港），MO（澳门），台湾（TW）；

美国：US；

英国：GB；

法国：FR；

德国：DE；

日本：JP。

（4）文件命名格式：

基础名_语言代码_地区代码.properties，如 resource_zh_CN.Properties。

以下为一个英文语言的国际化资源文件，其中每行的 "=" 左边部分为 Key，"=" 右边部分为 Value，在编码过程中，直接使用 Key 即可得到对应的 Value 值 。

```
web.login=This Is Login Page!
web.username=Your Username:
web.password=Your Password:
web.cancel=Cancel Login!
web.success=Login Success!
web.fail=Login Fail!
```

以下为一个中文语言的国际化资源文件，其中每行的 "=" 左边部分为 Key，"=" 右边部分为中文信息转换为 Unicode 后的表现形式，文件对应的中文信息如图 4-1 所示。

```
web.login=\u8FD9\u662F\u767B\u5F55\u9875\u9762\uFF01
web.username=\u4F60\u7684\u5E10\u53F7\uFF1A
web.password=\u4F60\u7684\u5BC6\u7801\uFF1A
web.cancel=\u53D6\u6D88\u767B\u5F55
web.success=\u767B\u5F55\u6210\u529F\uFF01
web.fail=\u767B\u5F55\u5931\u8D25\uFF01
```

name	value
web.login	这是登录页面!
web.username	你的账号:
web.password	你的密码:
web.cancel	取消登录
web.success	登录成功!
web.fail	登录失败!

图 4-1　资源文件中文信息

中文资源文件的制作过程：先是开发一个中文的 Key=Value 结构的属性文件，然后使用 JDK 中的 "native2ascii" 命令，可转换成对应的 Unicode 下的资源文件。

转换格式：native2ascii + 原资源文件名称 + 转换后资源文件名称，如 native2ascii init.properties、message_zh_CN.properties。

4.1.2 国际化配置

国际化的配置主要包括国际化资源文件基础名称的配置以及项目工程 web.xml 映射文件中关于国际化请求类型的配置，以下对这两个方面作相关的说明。

1. 国际化资源文件基础名称的配置

资源文件的基础名称可以在工程源码根目录 Src 下，通过增加一个名称为"struts.properties"的属性文件，并在文件中增加一行 Key=Value 结构的配置信息"struts.custom.i18n.resources=基础名称"的方式进行声明。

资源文件的基础名称还可以在 struts.xml 文件中直接声明，在<struts>节点下增加子节点<constant>，并在子节点中定义指定属性：name= struts.custom.i18n.resources 以及 value=基础名称。

以下为 struts.xml 文件中，关于资源文件基础名称的配置，在<constant>节点中通过 name 与 value 属性声明了资源文件的基础名称为"resource"。

```
<struts>
    <constant name="struts.custom.i18n.resources" value="resource"></constant>
    <package name="myWeb" extends="struts-default">
        <action name="demo" class="com.DemoAction">
            <result name="success">/success.jsp</result>
            <result name="fail">/fail.jsp</result>
        </action>
    </package>
</struts>
```

通过以上声明的基础名称"resource"则可以定制出一系列不同的国家、地区的国际化资源文件完整名称。

系列国际化资源文件名称：

中国：resource_zh_CN.Properties；

美国：resource_en_US.Properties；

英国：resource_en_GB.Properties；

法国：resource_fr_FR.Properties；

德国：resource_de_DE.Properties。

2. 国际化请求拦截配置

国际化资源文件制作好后，还需要对国际化的请求作专门的拦截，请求只有经过 Struts 框架中底层类库处理后，才能实现国际化功能，因而需要对整个项目工程的请求作专门的拦截处理。

对项目工程请求的拦截主要体现在对视图层的请求的拦截，即 JSP 视图的请求拦截，直接在项目工程的映射文件 web.xml 中进行配置。在如下的<filter-mapping>节点的<url-pattern>子节点配置中使用"/*"表示无论什么类型的请求，最终都会经过 FilterDispatcher 类的处理，也可以单独增加对 JSP 视图的拦截，例如使用"*.jsp"的配置方式。

```xml
<filter>
    <filter-name>struts2_i18n</filter-name>
    <filter-class>
        org.apache.struts2.dispatcher.FilterDispatcher
    </filter-class>
</filter>
<filter-mapping>
    <filter-name>struts2_i18n</filter-name>
    <url-pattern>/*</url-pattern>
</filter-mapping>
```

4.1.3　视图层配置

国际化功能还要求在 JSP 的视图页面上使用 Struts 框架中专用的定制标签，才能实现不同国家、地区之间不同语言的自动切换。Struts 框架中定义了丰富的标签库，在视图展现的各种元素及表单片上有完善的支持与实现。在正式使用标签库前，需要在视图页面中导入相关的标签库。

1. Struts 基础标签类型库

<s:text>：文本信息标签，展示国际化资源文件中的 value 信息。name 属性为资源文件中的 key。

<s:textfield>：单行文本框。

<s:password>：密码输入框。

<s:textarea>：多行文本框。

<s:submit>：提交按钮。

2. Struts 标签类型库导入方式

在 JSP 文件头中导入，如：

```
<%@ taglib uri="/struts-tags" prefix="s" %>
```

视图页面配置好后，后端的逻辑处理层中有对应的 API 接口，可直接获得对应的标签信息，实现前后端数据展现方面交互。在 ActionSupport 类中提供了 getText 方法，传入资源文件中的 Key 即可取得对应标签的 Value 信息。所以一般来说，在国际化的开发中要求所有业务控制器 Action 类均要继承 ActionSupport 类，以便能使用其内置的 API 国际化函数。

4.2 异常响应配置

异常处理是信息系统开发及运行过程中不可避免的问题，一般来说，通过 Java 语言的专用异常处理机制能满足基本的开发业务需求，但用此方式实现起来会比较烦琐，同时存在效率不高、容易忽略等问题。

在 Struts2 框架中，有专门的异常处理模块，只要配置相关的功能参数，可以实现高效、精准、完善的异常处理方式。Struts2 框架中异常是一种配置式的运作机制，只要在 struts.xml 文件中作好相关的声明，异常机制即可生效，而无须通过 Java 代码来控制处理，大大提升了开发中编码效率。

Struts2 框架中的异常分为两种类型，分别是全局异常与局部异常。全局异常主要针对整个项目工程而言的异常处理，局部异常主要是针对编码中某个业务控制器内的异常处理，两种异常从级别以及配置声明方式上均有所不同。

4.2.1 全局异常

全局异常的适用范围是整个信息系统中所发生的各种、各类异常，触发相关异常时，处理方式按全局异常声明的规则进行统一管理。在 struts.xml 文件中通过 <global-exception-mappings> 节点来声明全局异常的类型，同时还要 <global-results> 节点来声明与全局异常相匹配的响应视图。特别注意 <global-results> 节点的配置代码必须置于 <global-exception-mappings> 节点配置代码的前面，否则在 Web 容器将不能正常启动。

在以下的异常配置中，通过 <global-exception-mappings> 节点声明了对全局异常 "java.lang.Exception" 的处理方式，一旦发生该异常时，将调用通过 <global-results> 节点

声明的异常视图 "error_view" 所对应的异常页面 "error_show.jsp" 来响应客户端，同时终止本次业务请求。

```xml
<struts>
    <package name="exception_error" extends="struts-default">
        <global-results>
            <result name="error_view">/error_show.jsp</result>
        </global-results>
        <global-exception-mappings >
            <exception-mapping result="error_view" exception=
            "java.lang.Exception"> </exception-mapping>
        </global-exception-mappings>
    </package>
</struts>
```

4.2.2 局部异常

局部异常的适用范围是某个业务模块或 Action 类中所发生的各种、各类异常，触发相关异常时，处理方式按本局部异常声明的规则进行统一管理。在 struts.xml 文件中，每个<action>节点均可声明自己专项的异常处理方式，通过<exception-mapping>节点来声明本控制器类的异常类型，以及与本异常相匹配的响应视图。

在以下的异常配置中，通过<exception-mapping>节点声明了对局部异常 "java.lang.NullPointerException" 的处理方式，一旦发生该异常时，将调用异常视图 "null_error" 对应的异常页面 "null_view.jsp" 来响应客户端，同时终止本次业务请求。

```xml
<action name="*Order" class="com.web.OrderAction" method="{0}">
    <exception-mapping result="null_error"
    exception="java.lang.NullPointerException"></exception-mapping>
    <result name="success">/success.jsp</result>
    <result name="null_error">/null_view.jsp</result>
</action>
```

4.2.3 异常匹配流程

系统运行触发异常后，其将在最底层寻找对应的处理机制，如果底层没能找到对应的响应机制，则异常往上一级处理机制传递。在此种机制下，当局部异常与全局异常的作用范围重合，且某个异常能同时匹配局部与全局异常时，优先匹配局部异常的处理机制。

如上面的配置中，在 OrderAction 类发生了"NullPointerException"，虽然同时也匹配全局异常"Exception"类型，但优先匹配局部异常，所以按局部异常的处理机制进行处理。

当 OrderAction 类中发生了"ClassNotFoundException"时，因本 Action 类中没有定义与之相匹配的局部异常，所以异常会从本 Action 类中向上抛，传递到全局异常处理机制中，此时与全局异常中定义的"Exception"类型相匹配，因而按全局异常的响应机制进行处理。

当全局异常中未定义出相匹配的异常类型时，则无法正常处理本异常，整个信息系统将会处于瘫痪状态，无法正常工作，这就印证了全局异常必须匹配系统中各种运行异常的重要性。

4.3 校验框架

输入校验主要是针对视图表单上用户所输入内容是否符合业务逻辑或约束规则，例如人的年龄一般不会超过 150 岁，账号或密码输入框一般不能为空。如果以上表单的输入内容不符合常规，那就非常有必要让用户确认或重新输入相关数据，以减少前端视图层与后端逻辑层的无效交互，既可以减轻服务器负载，又可以改进用户的体验。

Struts2 框架中，有专门的表单输入校验模块，通过配置或其他方式实现视图页面的 JavaScript 表单验证功能，以提升前端视图编码开发的效率，实现以方便、简洁的方式进行前端开发。

4.3.1 编码校验

编码校验是通过 Java 后端编码的方式实现视图表单的输入校验，即用 Java 代码来实现前端 JavaScript 的功能。编码校验要借助 ActionSupport 类中的 API 方法，实现前后端的校验信息传递，因而相关的业务控制器类需继承 ActionSupport 类。

ActionSupport 类 API 函数：

validate() 函数：

（1）对表单输入的内容进行编码校验；

（2）参数为空，在 Action 类中覆盖此方法。

addActionError(String actionError)函数：

（1）把 Action 层级的错误传递到校验框架；

（2）参数为字符串类型的错误信息。

addActionMessage(String actionMessage)函数：

（1）把 Action 层级的消息传递到校验框架；

（2）参数为字符串类型的消息信息。

addFieldError(String fieldName,String errorMessage)函数：

（1）把表单项层级的错误传递到校验框架；

（2）参数 1 为表单项的名称；

（3）参数 2 为错误信息。

编码校验可分为全局校验与局部校验，全局校验是针对本 Action 类中所有业务方法均会执行的校验操作，局部校验则只是针对本 Action 类中单单某个业务方法才会执行的校验操作，即只有特定的业务方法才会触发对应的局部校验操作。

1. 全局校验

在 Action 类中，开发一个 validate 校验方法，此方法覆盖父类 ActionSupport 的对应方法，则此 validate 就是一个全局的校验方法。在以下的业务控制器类 DemoAction 中，validate 方法是一个全局校验方法，实现对属性 name 与 pwd 的非空校验，当请求访问本类中的任何一个业务方法：hiDemo、helloDemo、hahaDemo 均为触发此全局校验的方法，请求会先执行 validate 方法，如果校验通过则请求下一步到达相应的业务方法，如校验不通过则直接返回到视图页面提示输入错误信息，并且不会执行 DemoAction 类中相应的业务方法。

```java
public class DemoAction extends ActionSupport{
    private String name;
    private String pwd;

    public String getName() {
        return name;
    }
    public void setName(String name) {
        this.name = name;
    }
```

```
public String getPwd() {
    return pwd;
}
public void setPwd(String pwd) {
    this.pwd = pwd;
}
//业务方法"hiDemo"
public String hiDemo(){
    return "hi";
}
//业务方法"helloDemo"
public String helloDemo(){
    return "hello";
}
//业务方法"hahaDemo"
public String hahaDemo(){
    return "haha";
}
//全局校验方法
public void validate(){
    if (name==null||name.equals("")) {
        super.addFieldError("name","属性为空");
    }
    if (pwd==null||pwd.equals("")) {
        super.addFieldError("pwd","属性为空");
    }
}
}
```

2. 局部校验

局部校验是针对 Action 类中某个特定的业务方法，局部校验方法的命名为"validate"加上业务方法名称，其中业务方法的第一个字母大写。在以下的业务控制器类

OrderAction 中, validate 方法是一个全局校验方法, validateAddOrder、validateUpdateOrder、validateDeleteOrder 三者则为局部校验方法。

　　当请求访问 addOrder 业务方法时则会触发 validateAddOrder 校验方法，当请求访问 updateOrder 业务方法时则会触发 validateUpdateOrder 校验方法，当请求访问 deleteOrder 业务方法时则会触发 validateDeleteOrder 校验方法。

　　如果局部校验通过则请求下一步到达全局校验 validate 方法，全局校验通过后，请求下一步再到达相应的业务方法，如果任一校验方法不通过则直接返回到视图页面提示输入错误信息，并且不会执行 OrderAction 类中相应的业务方法。

```java
public class OrderAction extends ActionSupport{
    private String orderId;

    public String getOrderId() {
        return orderId;
    }
    public void setOrderId(String orderId) {
        this.orderId = orderId;
    }
    public String addOrder(){
        return "add";
    }
    public String updateOrder(){
        return "update";
    }
    public String deleteOrder(){
        return "delete";
    }
    public void validate(){
        System.out.println("------validate()------");
    }
    public void validateAddOrder(){
        System.out.println("---validateAddOrder()---");
    }
    public void validateUpdateOrder(){
```

```
        System.out.println("--validateUpdateOrder()--");
    }
    public void validateDeleteOrder(){
        System.out.println("--validateDeleteOrder()--");
    }
}
```

3. 校验标签

业务控制器 Action 类中的校验信息，通过 ActionSupport 类的 API 函数传递到前端视图层，视图页面需要借助 Struts2 的标签库才能展示相关表单输入内容的校验异常信息。

校验标签：

```
<s:actionerror/>:
```

在视图页面上输出本次校验中 Action 级别的错误消息。

```
<s:actionmessage/>:
```

（1）在视图页面上输出本次校验中 Action 级别的一般信息；

（2）所输出消息为非错误消息。

```
<s:fielderror/>:
```

在视图页面上对应的表单项中输出本次校验中的错误消息。

4. Input 视图

Input 视图就是校验失败后专门的响应视图，一般来说，表单输入校验未通过，会返回到原表单的输入页面，对用户提示相关信息。Input 视图需要在 struts.xml 文件的 <action>节点内通过<result>子节点进行配置，<result>节点中的 "name" 属性值必须为 "input"，否则 Struts2 框架将无法认定其为校验失败响应视图。

在以下的<action>节点配置中，表示声明了一个 input 视图，当表单输入校验失败时，将重回到登录页面 "login.jsp"，提示相关信息并重新输入相关表单数据项。

```
<action name="login_test" class="com.val.LoginAction" method= "doLogin">
    <result name="success">/welcome.jsp</result>
    <result name="fail">/fail.jsp</result>
    <result name="input">/login.jsp</result>
</action>
```

4.3.2　XML 配置校验

XML 校验是一种配置式校验，不需要编码，只需要把相关的校验规则在一个专用的 XML 校验文件中声明，前端视图的表单输入便会自动匹配相关校验规则，比传统的编码开发更高效。

1. 配置规则

使用 XML 配置方式进行表单输入校验，需要在业务控制器 Action 类所在的包位置下定义出对应的 XML 校验文件，如图 4-2 所示。同样地，XML 配置校验也分为全局校验与局部校验，全局校验针对本 Action 类中所有业务方法生效，局部校验只针对某特定的业务方法生效。全局校验需开发出专用的校验文件，每一个局部校验规则也必须定义专门的校验文件，不能合写在同一校验文件中。

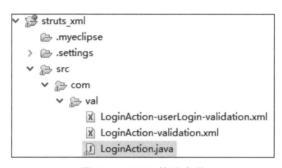

图 4-2　XML 校验文件

（1）XML 校验配置规则：

① 在 Action 类的相同包下定义出校验文件；

② 全局校验必须有专门的全局校验 XML 文件；

③ 每一种局部校验必须有一个专门的局部校验 XML 文件；

④ 先执行局部校验规则，后执行全局校验规则。

（2）XML 校验文件命名：

① 全局校验文件：

格式：Action 类名+中划线 "-" + "validation.xml"，如：LoginAction-validation.xml；LoginAction 类的所有业务方式都会匹配此校验规则。

② 局部校验文件：

格式：Action 类名+中划线 "-" + "Action 节点名称"+中划线 "-" + "validation.xml"，如：LoginAction-userLogin-validation.xml；

请求只有访问名称为"userLogin"的节点时才会触发此校验规则。

2. 校验格式

XML 校验文件中可定义各种类型的校验规则，常用的校验规则有：必选校验、非空校验、数值校验、长度校验、日期校验、邮箱校验、正则表达式校验等。

（1）必选校验：

```
required
```

参数：无。

（2）非空校验：

```
requiredstring
```

参数：可选。

（3）数值校验：

```
int
```

参数：max、min。

（4）长度校验：

```
stringlength
```

参数：maxLength、minLength。

（5）日期校验：

```
date
```

参数：max、min。

（6）邮箱校验：

```
email
```

参数：可选。

（7）正则表达式校验：

```
regex
```

参数：expression。

XML 校验文件的语法格式与一般的可扩展标记语言一致，其根节点为<validators>，内有子节点<field>来定义各个表单项的规则。以下为一个 XML 格式的校验模板，文件中包含对"pwd"与"age"两个表单项的配置校验规则，要求"pwd"的输入值不能为空，且输入的字符数在 4~20，要求"age"的输入值不能为空，且输入数值的范围在 0~200。

```
<validators>
    <field name="pwd">
```

```
        <field-validator type="requiredstring">
            <param name="trim">true</param>
            <message>密码为空</message>
        </field-validator>
        <field-validator type="stringlength">
            <param name="minLength">4</param>
            <param name="maxLength">20</param>
            <message>密码长度为4-20个字符</message>
        </field-validator>
    </field>
    <field name="age">
        <field-validator type="required">
            <message>年龄为空</message>
        </field-validator>
        <field-validator type="int">
            <param name="min">0</param>
            <param name="max">200</param>
            <message>年龄范围0-200</message>
        </field-validator>
    </field>
</validators>
```

3. 前后端校验

XML 配置校验在实现方式上存在两种形式：前端校验与后端校验。前端校验即客户端校验，校验框架会根据 XML 校验文件的配置规则在前端视图页面上直接生成 JavaScript 代码脚本，用 JavaScript 脚本实现对表单输入项的校验，这是一种轻量级的校验方式，能在一定程度上减轻对 Web 服务器的负载。后端校验即服务器端校验，校验框架会根据 XML 校验文件的配置规则在服务器对相关表单数据项进行检查、校核。

在默认的情况下，XML 配置校验将采用服务器的方式来进行输入校验，如果需要选择采用客户端校验的方式，使用 Struts2 框架中的<s:form>标签来提交数据，且需要在标签中把"validate"的属性值设置为"true"。

以下为客户端 XML 校验的 Form 表单实现编码，在视图页面的编码中均使用 Struts2

框架标签，在\<s:form\>标签中有"validate=true"，同时\<s:form\>标签内的各表单元素也使用不同的表单标签。

```
<s:form action="userLogin.action" validate="true">
    <s:textfield name="user" id="user" label="账号"></s:textfield>
    <s:password name="pwd" id="pwd" label="密码"></s:password>
    <s:submit value="登录"></s:submit>
</s:form>
```

4.4 应用项目开发

Struts 框架的表单校验功能极大地方便了前端视图中关于输入信息的判断，特别是通过 XML 文件校验极大地提高了表单编码开发的效率，提升了用户的体验，在以 Struts 框架为基础的 Java EE 信息系统开发中应用较广。

4.4.1 应用项目描述

在一个仓库管理平台中，有商品库存及仓库管理人员两个功能模块，商品入库前需要对商品信息进行登录，在新加入仓库管理员时同样需要对人员信息进行详细录入。请使用 Struts 框架的校验功能实现对以下表单输入信息的校验。

（1）在商品入库前校验商品表单输入信息是否正确，并在视图页面提示相关信息。

（2）在添加仓库管理人员前校验人员表单输入信息是否正确，并在视图页面提示相关信息。

4.4.2 编码开发

本项目采用 Struts 的 xml 校验框架来实现对输入表单的校验，通过在 xml 文件中配置校验规则，可实现对表单输入字符、长度、数值、时间、邮件格式、正则表达等形式的快速、高效校验。

1. Struts 校验框架搭建

在 MyEclipse 开发工具上创建一个名称为"ware_house"的 Web 工程，并添加 Struts 框架组件，完成后修改 web.xml 文件中的 Struts 的中央处理器为 FilterDispatcher，同时增加对 JSP 请求的拦截，具体配置参考 web.xml 文件。

web.xml 文件:

```xml
<?xml version="1.0" encoding="UTF-8"?>
<web-app version="2.5"
    xmlns="http://java.sun.com/xml/ns/javaee"
    xmlns:xsi="http://www.w3.org/2001/XMLSchema-instance"
    xsi:schemaLocation="http://java.sun.com/xml/ns/javaee
    http://java.sun.com/xml/ns/javaee/web-app_2_5.xsd">
<display-name></display-name>
<welcome-file-list>
  <welcome-file>index.jsp</welcome-file>
</welcome-file-list>
  <filter>
  <filter-name>struts2</filter-name>
  <filter-class>
      org.apache.struts2.dispatcher.FilterDispatcher
  </filter-class>
</filter>
<filter-mapping>
  <filter-name>struts2</filter-name>
  <url-pattern>*.action</url-pattern>
</filter-mapping>
<filter-mapping>
  <filter-name>struts2</filter-name>
  <url-pattern>*.jsp</url-pattern>
</filter-mapping>
</web-app>
```

2. 商品入库校验开发

商品入库校验模块主要实现对入库商品的录入信息作表单校验，所需要开发的模块资源包含前端视图 wh_index.jsp、enter_warehouse.jsp、show_enter.jsp、success_wh.jsp，Struts 框架配置文件 struts.xml，业务控制器类 EnterWarehouseAction.java，以及表单视图 xml 校验文件 EnterWarehouseAction-enterWh-validation.xml。

1）wh_index.jsp

仓库管理系统首页视图，只包含商品入库及添加管理人员两个功能模块的请求超链接，如图 4-3 所示，具体编码实现参考 wh_index.jsp 文件。

仓库管理系统

<u>商品入库 添加管理员</u>

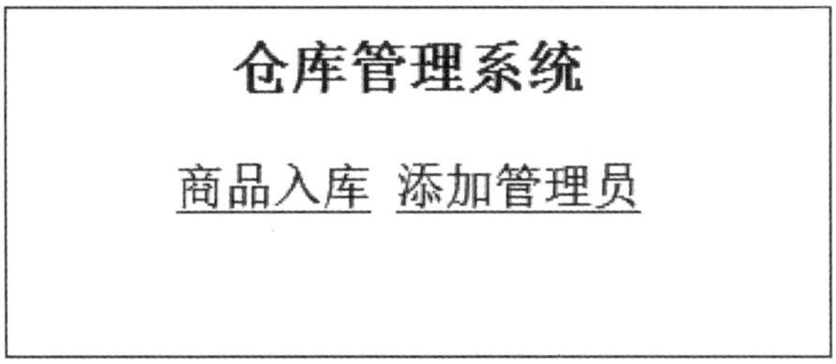

图 4-3　首页视图

wh_index.jsp 文件：

```jsp
<%@ page language="java" import="java.util.*" pageEncoding="UTF-8"%>
<%@ taglib uri="/struts-tags" prefix="s" %>
<!DOCTYPE HTML PUBLIC "-//W3C//DTD HTML 4.01 Transitional//EN">
<html>
  <head>
  </head>


  <body>
    <center>
    <h3>仓库管理系统</h3><p>
    <a href="enter_warehouse.jsp">商品入库</a>
    <a href="add_admin.jsp">添加管理员</a>
    </center>
  </body>
</html>
```

2）enter_warehouse.jsp

首页视图点击商品入库超链接将跳转商品信息录入页面，如图 4-4 所示，此输入商品表单信息在后继需要进行 xml 校验,本视图编码实现参考 enter_warehouse.jsp 文件。

商品信息录入

商品码:	
商品名称:	
商品类型:	
商品数量:	
商品重量:	
商品尺寸:	
生产日期:	
生产厂家:	

提交

图 4-4　商品信息录入视图

enter_warehouse.jsp 文件：

```jsp
<%@ page language="java" import="java.util.*" pageEncoding="UTF-8"%>
<%@ taglib uri="/struts-tags" prefix="s" %>
<!DOCTYPE HTML PUBLIC "-//W3C//DTD HTML 4.01 Transitional//EN">
<html>
  <head>
  </head>
  <body>
  <center>
    <s:form action="enterWh.action" method="post">
      <h3>商品信息录入</h3>
      <table>
        <tr>
        <td><s:textfield name="commodityCode" label="商品码">
</s:textfield></td>
        </tr>
         <tr>
        <td><s:textfield name="commodityName" label="商品名称">
</s:textfield></td>
        </tr>
```

```
        <tr>
        <td><s:textfield name="commodityType" label="商品类型">
</s:textfield></td>
        </tr>
        <tr>
        <td><s:textfield name="commodityAmount" label="商品数量">
</s:textfield></td>
        </tr>
        <tr>
        <td><s:textfield name="commodityWeight" label="商品重量">
</s:textfield></td>
        </tr>
        <tr>
        <td><s:textfield name="commoditySize" label="商品尺寸">
</s:textfield></td>
        </tr>
        <tr>
        <td><s:textfield name="productDate" label="生产日期">
</s:textfield></td>
        </tr>
        <tr>
        <td><s:textfield name="productFactory" label="生产厂家">
</s:textfield></td>
        </tr>
        <tr><td><s:submit value="提交"></s:submit></td></tr>
      </table>
    </s:form>
   </center>
  </body>
 </html>
```

3）struts.xml

商品信息录入视图发送提交请求后，首先到 Struts 框架配置文件下找到相匹配的

Action 业务控制器类，相关编码配置参考 struts.xml 文件。

struts.xml 文件：

```xml
<?xml version="1.0" encoding="UTF-8" ?>
<!DOCTYPE struts PUBLIC "-//Apache Software Foundation//DTD Struts
Configuration 2.1//EN" "http://struts.apache.org/dtds/struts-2.1.dtd">
<struts>
    <package name="wh" extends="struts-default">
        <action name="enterWh" class="com.wh.EnterWarehouseAction"
            method="doEnter">
            <result name="show">/show_enter.jsp</result>
            <result name="input">/enter_warehouse.jsp</result>
        </action>
        <action name="confirmWh" class="com.wh.EnterWarehouseAction"
            method="doConfirm">
            <result name="show">/success_wh.jsp</result>
        </action>
    </package>

    <package name="admin" extends="struts-default">
        <action name="addAdmin" class="com.admin.AdminWarehouseAction"
            method="doAdmin">
            <result name="show">/show_admin.jsp</result>
            <result name="input">/add_admin.jsp</result>
        </action>
        <action name="confirmAdmin" class="com.admin.AdminWarehouseAction"
            method="doConfirm">
            <result name="show">/success_admin.jsp</result>
        </action>
    </package>
</struts>
```

4）EnterWarehouseAction.java

前端视图请求经 struts.xml 文件匹配后将流向商品入库处理 Action 类，前端表单输入数据项通过 set 方法传递到后端，在执行业务方法 doEnter 前将执行 xml 文件的校验规则，具体实现参考 EnterWarehouseAction.java 文件。

EnterWarehouseAction.java 文件：

```java
package com.wh;
import com.opensymphony.xwork2.ActionSupport;

public class EnterWarehouseAction extends ActionSupport {
    private String commodityCode;
    private String commodityName;
    private String commodityType;
    private Integer commodityAmount;
    private Integer commodityWeight;
    private String commoditySize;
    private String productDate;
    private String productFactory;
    public String getCommodityCode() {
        return commodityCode;
    }
    public void setCommodityCode(String commodityCode) {
        this.commodityCode = commodityCode;
    }
    public String getCommodityName() {
        return commodityName;
    }
    public void setCommodityName(String commodityName) {
        this.commodityName = commodityName;
    }
    public String getCommodityType() {
        return commodityType;
    }
    public void setCommodityType(String commodityType) {
        this.commodityType = commodityType;
    }
```

```java
public Integer getCommodityAmount() {
    return commodityAmount;
}
public void setCommodityAmount(Integer commodityAmount) {
    this.commodityAmount = commodityAmount;
}
public Integer getCommodityWeight() {
    return commodityWeight;
}
public void setCommodityWeight(Integer commodityWeight) {
    this.commodityWeight = commodityWeight;
}
public String getCommoditySize() {
    return commoditySize;
}
public void setCommoditySize(String commoditySize) {
    this.commoditySize = commoditySize;
}
public String getProductDate() {
    return productDate;
}
public void setProductDate(String productDate) {
    this.productDate = productDate;
}
public String getProductFactory() {
    return productFactory;
}
public void setProductFactory(String productFactory) {
    this.productFactory = productFactory;
}
public String doEnter() {
    System.out.println("-------doEnter--------");
    return "show";
```

```
    }
    public String doConfirm() {
        System.out.println("-------doConfirm-------");
        return "show";
    }
}
```

5）EnterWarehouseAction-enterWh-validation.xml

请求到达 Action 类后，先对表单数据进行 xml 文件规则的校验，如未通过则提示相关数据项输入的错误信息，如图 4-5 所示，xml 表单校验文件参考同一 Action 目录下的 EnterWarehouseAction-enterWh-validation.xml 文件。

商品信息录入

商品码为3-6位字符
商品码: V10017890456
商品名称: IPone Vx8.0Plus
商品类型为2-8位字符
商品类型: 通讯类电子产品一类产品
商品入库数量不能大于500件
商品数量: 600
商品重量: 100
商品尺寸为空
商品尺寸:
生产日期10位字符，如:2020-01-01
生产日期: 20200109
生产厂家为3-10位字符
生产厂家: 苹果

提交

图 4-5 商品信息录入校验结果视图

EnterWarehouseAction-enterWh-validation.xml 文件：

```xml
<?xml version="1.0" encoding="UTF-8" ?>
<!DOCTYPE validators PUBLIC
"-//Apache Struts//XWork Validator 1.0.2//EN"
"http://struts.apache.org/dtds/xwork-validator-1.0.2.dtd">
<validators>
    <field name="commodityCode">
```

```xml
        <field-validator type="requiredstring">
            <param name="trim">true</param>
            <message>商品码为空</message>
        </field-validator>
        <field-validator type="stringlength">
            <param name="minLength">3</param>
            <param name="maxLength">6</param>
            <message>商品码为3-6位字符</message>
        </field-validator>
    </field>
    <field name="commodityName">
        <field-validator type="requiredstring">
            <param name="trim">true</param>
            <message>商品名称为空</message>
        </field-validator>
        <field-validator type="stringlength">
            <param name="minLength">5</param>
            <param name="maxLength">20</param>
            <message>商品名称为5-20位字符</message>
        </field-validator>
    </field>
    <field name="commodityType">
        <field-validator type="requiredstring">
            <param name="trim">true</param>
            <message>商品类型为空</message>
        </field-validator>
        <field-validator type="stringlength">
            <param name="minLength">2</param>
            <param name="maxLength">8</param>
            <message>商品类型为2-8位字符</message>
        </field-validator>
    </field>
    <field name="commodityAmount">
        <field-validator type="required">
```

```xml
            <message>商品数量为空</message>
        </field-validator>
        <field-validator type="int">
            <param name="min">0</param>
            <param name="max">500</param>
            <message>商品入库数量不能大于500件</message>
        </field-validator>
    </field>
    <field name="commodityWeight">
        <field-validator type="required">
            <message>商品重量为空</message>
        </field-validator>
        <field-validator type="int">
            <param name="min">0</param>
            <param name="max">1000</param>
            <message>商品重量的最大值为1000g</message>
        </field-validator>
    </field>
    <field name="commoditySize">
        <field-validator type="requiredstring">
            <param name="trim">true</param>
            <message>商品尺寸为空</message>
        </field-validator>
        <field-validator type="stringlength">
            <param name="minLength">5</param>
            <param name="maxLength">20</param>
            <message>商品尺寸为5-20位字符</message>
        </field-validator>
    </field>
    <field name="productDate">
        <field-validator type="requiredstring">
            <param name="trim">true</param>
            <message>生产日期为空</message>
        </field-validator>
```

```
            <field-validator type="stringlength">
                <param name="minLength">10</param>
                <param name="maxLength">10</param>
                <message>生产日期10位字符，如:2020-01-01</message>
            </field-validator>
        </field>
        <field name="productFactory">
            <field-validator type="requiredstring">
                <param name="trim">true</param>
                <message>生产厂家为空</message>
            </field-validator>
            <field-validator type="stringlength">
                <param name="minLength">3</param>
                <param name="maxLength">10</param>
                <message>生产厂家为3-10位字符</message>
            </field-validator>
        </field>
    </validators>
```

6）show_enter.jsp

表单数据 xml 文件规则通过后，将到达商品输入信息展示视图，如图 4-6 所示，具体编码实现参考 show_enter.jsp 文件。

请确认以下录入商品信息

商品码：　V10017
商品名称:IPone Vx8.0Plus
商品类型:通讯类电子产品
商品数量:200
商品重量:100
商品尺寸:120X40X10mm
生产日期:2021-01-09
生产厂家:苹果公司

确认

图 4-6　商品信息确认视图

show_enter.jsp 文件：

```jsp
<%@ page language="java" import="java.util.*" pageEncoding= "UTF-8"%>
<%@ taglib uri="/struts-tags" prefix="s" %>
<!DOCTYPE HTML PUBLIC "-//W3C//DTD HTML 4.01 Transitional//EN">
<html>
  <head>
  </head>
  <body>
  <center>
    <s:form action="confirmWh.action" method="post">
      <h3>请确认以下录入商品信息</h3>
      <table>
        <tr>
        <td>商品码:</td><td><s:property value="commodityCode"/> </td>
        </tr>
         <tr>
        <td>商品名称:</td><td><s:property value="commodityName"/> </td>
        </tr>
        <tr>
        <td>商品类型:</td><td><s:property value="commodityType"/> </td>
        </tr>
        <tr>
        <td>商品数量:</td><td><s:property value="commodityAmount"/> </td>
        </tr>
        <tr>
        <td>商品重量:</td><td><s:property value="commodityWeight"/> </td>
        </tr>
        <tr>
        <td>商品尺寸:</td><td><s:property value="commoditySize"/> </td>
        </tr>
        <tr>
        <td>生产日期:</td><td><s:property value="productDate"/> </td>
        </tr>
```

```
       <tr>
       <td>生产厂家:</td><td><s:property value="productFactory"/> </td>
       </tr>
       <tr><td><s:submit value="确认"></s:submit></td></tr>
     </table>
   </s:form>
  </center>
 </body>
</html>
```

7）success_wh.jsp

在商品信息输出视图点击确认按钮，则完成商品信息录入操作，跳转至如图 4-7 所示的操作完成提示视图，编码实现参考 success_wh.jsp 文件。

图 4-7　商品入库操作结果视图

success_wh.jsp 文件：

```
<%@ page language="java" import="java.util.*" pageEncoding="UTF-8"%>
<%@ taglib uri="/struts-tags" prefix="s" %>
<!DOCTYPE HTML PUBLIC "-//W3C//DTD HTML 4.01 Transitional//EN">
<html>
  <head>
  </head>
  <body>
    <center>
    <h3>商品入库成功</h3><p>
    <a href="wh_index.jsp"><font size =1>返回</font></a>
    </center>
  </body>
</html>
```

3. 仓库管理员录入校验开发

仓库管理员录入校验模块主要实现对新入职仓库管理人员所录入信息作表单校验，需要开发的模块资源包含前端视图 wh_index.jsp、add_admin.jsp、show_admin.jsp、success_admin.jsp，Struts框架配置文件struts.xml，业务控制器类 AdminWarehouseAction.java，以及表单视图 xml 校验文件 AdminWarehouseAction-addAdmin-validation.xml。

1）add_admin.jsp

在首页视图点击添加管理员超链接将跳转至仓库管理员信息录入页面，如图 4-8 所示，此输入的管理员表单信息在后继需要进行 xml 校验，本视图编码实现参考 add_admin.jsp 文件。

图 4-8　管理员信息录入视图

add_admin.jsp 文件：

```
<%@ page language="java" import="java.util.*" pageEncoding="UTF-8"%>
<%@ taglib uri="/struts-tags" prefix="s" %>
<!DOCTYPE HTML PUBLIC "-//W3C//DTD HTML 4.01 Transitional//EN">
<html>
  <head>
  </head>
  <body>
  <center>
    <s:form action="addAdmin.action" method="post">
      <h3>仓库管理员信息录入</h3>
      <table>
        <tr>
```

```
            <td><s:textfield name="workNumber" label="工号"> </s:textfield></td>
        </tr>
          <tr>
            <td><s:textfield name="name" label="姓名"> </s:textfield></td>
        </tr>
            <tr>
            <td><s:textfield name="age" label="年龄"> </s:textfield></td>
        </tr>
            <tr>
            <td><s:textfield name="gender" label="性别"> </s:textfield></td>
        </tr>
            <tr>
            <td><s:textfield name="education" label="学历"> </s:textfield></td>
        </tr>
            <tr>
            <td><s:textfield name="rank" label="职级"> </s:textfield></td>
        </tr>
            <tr>
            <td><s:textfield name="salary" label="工资"> </s:textfield></td>
        </tr>
            <tr>
            <td><s:textfield name="workYear" label="工作年限"> </s:textfield></td>
        </tr>
            <tr>
            <td><s:textfield name="enterDate" label="入职日期"> </s:textfield>
</td>
        </tr>
            <tr><td><s:submit value="提交"></s:submit></td></tr>
        </table>
    </s:form>
    </center>
    </body>
    </html>
```

2）AdminWarehouseAction.java

前端视图请求经 struts.xml 文件匹配后将流向管理员添加处理 Action 类，前端表单输入数据项通过 set 方法传递到后端，在执行业务方法 doAdmin 前将执行 xml 文件的校验规则，具体实现参考 AdminWarehouseAction.java 文件。

AdminWarehouseAction.java 文件：

```java
package com.admin;
import com.opensymphony.xwork2.ActionSupport;

public class AdminWarehouseAction extends ActionSupport {
    private String workNumber;
    private String name;
    private Integer age;
    private String gender;
    private String education;
    private String rank;
    private Integer workYear;
    private String enterDate;
    private Integer salary;
    public String getWorkNumber() {
        return workNumber;
    }
    public void setWorkNumber(String workNumber) {
        this.workNumber = workNumber;
    }
    public String getName() {
        return name;
    }
    public void setName(String name) {
        this.name = name;
    }
    public Integer getAge() {
        return age;
    }
    public void setAge(Integer age) {
```

```
            this.age = age;
        }
        public String getGender() {
            return gender;
        }
        public void setGender(String gender) {
            this.gender = gender;
        }
        public String getEducation() {
            return education;
        }
        public void setEducation(String education) {
            this.education = education;
        }
        public String getRank() {
            return rank;
        }
        public void setRank(String rank) {
            this.rank = rank;
        }
        public Integer getWorkYear() {
            return workYear;
        }
        public void setWorkYear(Integer workYear) {
            this.workYear = workYear;
        }
        public String getEnterDate() {
            return enterDate;
        }
        public void setEnterDate(String enterDate) {
            this.enterDate = enterDate;
        }
        public Integer getSalary() {
            return salary;
```

```
    }
    public void setSalary(Integer salary) {
        this.salary = salary;
    }
    public String doAdmin() {
        System.out.println("-------doAdmin--------");
        return "show";
    }
    public String doConfirm() {
        System.out.println("-------doConfirm--------");
        return "show";
    }
}
```

3）AdminWarehouseAction-addAdmin-validation.xml

请求到达 Action 类后，先对表单数据进行 xml 文件规则的校验，如未通过则提示相关数据项输入的错误信息，如图 4-9 所示，xml 表单校验文件参考同一 Action 目录下的 AdminWarehouseAction-addAdmin-validation.xml 文件。

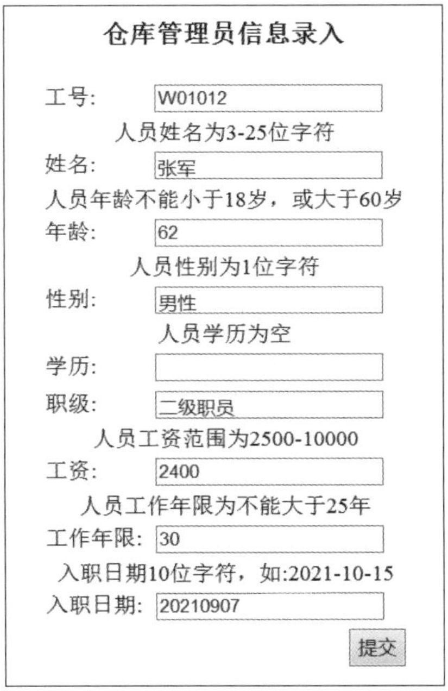

图 4-9　管理员信息录入校验结果视图

AdminWarehouseAction-addAdmin-validation.xml 文件：

```xml
<?xml version="1.0" encoding="UTF-8" ?>
<!DOCTYPE validators PUBLIC
"-//Apache Struts//XWork Validator 1.0.2//EN"
"http://struts.apache.org/dtds/xwork-validator-1.0.2.dtd">
<validators>
    <field name="workNumber">
        <field-validator type="requiredstring">
            <param name="trim">true</param>
            <message>人员工号为空</message>
        </field-validator>
        <field-validator type="stringlength">
            <param name="minLength">4</param>
            <param name="maxLength">8</param>
            <message>人员工号为4-8位字符</message>
        </field-validator>
    </field>
    <field name="name">
        <field-validator type="requiredstring">
            <param name="trim">true</param>
            <message>人员姓名为空</message>
        </field-validator>
        <field-validator type="stringlength">
            <param name="minLength">3</param>
            <param name="maxLength">20</param>
            <message>人员姓名为3-20位字符</message>
        </field-validator>
    </field>
    <field name="age">
        <field-validator type="required">
            <message>人员年龄为空</message>
        </field-validator>
        <field-validator type="int">
```

```
            <param name="min">18</param>
            <param name="max">60</param>
            <message>人员年龄不能小于18岁，或大于60岁</message>
        </field-validator>
    </field>
    <field name="gender">
        <field-validator type="requiredstring">
            <param name="trim">true</param>
            <message>人员性别为空</message>
        </field-validator>
        <field-validator type="stringlength">
            <param name="minLength">1</param>
            <param name="maxLength">1</param>
            <message>人员性别为1位字符</message>
        </field-validator>
    </field>
    <field name="education">
        <field-validator type="requiredstring">
            <param name="trim">true</param>
            <message>人员学历为空</message>
        </field-validator>
        <field-validator type="stringlength">
            <param name="minLength">2</param>
            <param name="maxLength">4</param>
            <message>人员学历为2-4位字符</message>
        </field-validator>
    </field>
    <field name="rank">
        <field-validator type="requiredstring">
            <param name="trim">true</param>
            <message>人员学历为空</message>
        </field-validator>
        <field-validator type="stringlength">
```

```xml
            <param name="minLength">2</param>
            <param name="maxLength">4</param>
            <message>人员职级为2-4位字符</message>
        </field-validator>
    </field>
    <field name="workYear">
        <field-validator type="required">
            <message>人员工作年限为空</message>
        </field-validator>
        <field-validator type="int">
            <param name="min">0</param>
            <param name="max">25</param>
            <message>人员工作年限为不能大于25年</message>
        </field-validator>
    </field>
    <field name="enterDate">
        <field-validator type="requiredstring">
            <param name="trim">true</param>
            <message>人员入职日期为空</message>
        </field-validator>
        <field-validator type="stringlength">
            <param name="minLength">10</param>
            <param name="maxLength">10</param>
            <message>入职日期10位字符，如:2021-10-15</message>
        </field-validator>
    </field>
    <field name="salary">
        <field-validator type="required">
            <message>人员工资为空</message>
        </field-validator>
        <field-validator type="int">
            <param name="min">2500</param>
            <param name="max">100000</param>
```

```
            <message>人员工资范围为2500-10000</message>
        </field-validator>
    </field>
</validators>
```

4）show_admin.jsp

表单数据 xml 文件规则通过后，将到达仓库管理员信息展示视图，如图 4-10 所示，具体编码实现参考 show_admin.jsp 文件。

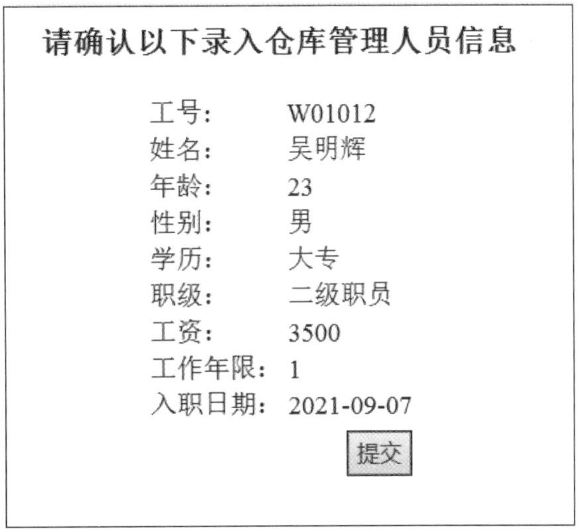

请确认以下录入仓库管理人员信息

工号：	W01012
姓名：	吴明辉
年龄：	23
性别：	男
学历：	大专
职级：	二级职员
工资：	3500
工作年限：	1
入职日期：	2021-09-07

提交

图 4-10 仓库管理员信息确认视图

show_admin.jsp 文件：

```
<%@ page language="java" import="java.util.*" pageEncoding= "UTF-8"%>
<%@ page language="java" import="java.util.*" pageEncoding= "UTF-8"%>
<%@ taglib uri="/struts-tags" prefix="s" %>
<!DOCTYPE HTML PUBLIC "-//W3C//DTD HTML 4.01 Transitional//EN">
<html>
  <head>
  </head>
  <body>
  <center>
    <s:form action="confirmAdmin.action" method="post">
```

```
    <h3>请确认以下录入仓库管理人员信息</h3>
    <table>
      <tr>
      <td>工号: </td><td><s:property value="workNumber"/></td>
      </tr>
       <tr>
      <td>姓名: </td><td><s:property value="name"/></td>
      </tr>
      <tr>
      <td>年龄: </td><td><s:property value="age"/></td>
      </tr>
      <tr>
      <td>性别: </td><td><s:property value="gender"/></td>
      </tr>
      <tr>
      <td>学历: </td><td><s:property value="education"/></td>
      </tr>
      <tr>
      <td>职级: </td><td><s:property value="rank"/></td>
      </tr>
      <tr>
      <td>工资: </td><td><s:property value="salary"/></td>
      </tr>
       <tr>
      <td>工作年限: </td><td><s:property value="workYear"/></td>
      </tr>
      <tr>
      <td>入职日期: </td><td><s:property value="enterDate"/></td>
      </tr>
      <tr><td><s:submit value="提交"></s:submit></td></tr>
    </table>
  </s:form>
</center>
```

```
    </body>
</html>
```

5）success_admin.jsp

在管理员信息输出视图点击确认按钮,则完成仓库管理员录入操作,跳转至如图4-11所示的操作完成提示视图, 编码实现参考 success_admin.jsp 文件。

添加仓库管理员成功

返回

图 4-11　添加管理员操作结果视图

success_admin.jsp 文件:

```
<%@ page language="java" import="java.util.*" pageEncoding="UTF-8"%>
<%@ taglib uri="/struts-tags" prefix="s" %>
<!DOCTYPE HTML PUBLIC "-//W3C//DTD HTML 4.01 Transitional//EN">
<html>
  <head>
  </head>
  <body>
    <center>
    <h3>添加仓库管理员成功</h3><p>
    <a href="wh_index.jsp"><font size =1>返回</font></a>
    </center>
  </body>
</html>
```

Hibernate 应用框架

本章将论述 Hibernate 框架的基础应用及编程核心参数的配置，阐述 Hibernate 框架底层实现及相关组件功能作用，详述对象持久化的实现原理和不同阶段下的数据状态变化过程，以及数据实体主键生成方式、连接池的意义及使用。

5.1 Hibernate 框架基础

Hibernate 是一种完全面向对象的编程语言，在程序开发过程中，可以按照面向对象的思维方式操作关系数据库。把关系数据表看作是数据实体类，把数据记录看作是数据对象，把关系表中的字段看作是数据实体类中的属性。

Hibernate 编程语言还与底层数据库相解耦，用 Hibernate 编写的代码独立于各种类型关系数据库，可以直接在不同的关系数据库中无障碍移植，从而大大提升应用程序的可移植性与运行环境适应性。

5.1.1 SessionFactory 接口

SessionFactory 是 Hibernate 框架中的一个重要核心接口，其代表数据存储层中的一个逻辑数据库，是一个重量级的组件。该组件的创建过程需要消耗大量的资源，同时对象实例化的过程也比较漫长，创建后会占据大量的缓存空间，这就决定了这种重量级的组件不能随意创建或销毁，创建后其绑定了应用程序的上下文环境，组件实例必须维护起来，需要的时候可以直接拿来使用。以下编码为 SessionFactory 组件的实例化过程，在一个类的静态初始化块中调用静态方法 createSessionFactory，静态方法中通过调用静态属性 Configuration 实例的 buildSessionFactory 函数进行实例构建，同时 SessionFactory 实例构建完成后存储为静态类型的属性中，以保证其不会被随意销毁。

```
static Configuration config = new Configuration();
static SessionFactory sessFactory;
static String file ="/hibernate.properties";
```

```
//静态初始化块
static {
    try {
        createSessionFactory();
    } catch (Exception e) {
        e.printStackTrace();
    }
}
//静态构建方法
public static createSessionFactory() {
    config.configure(file);
    sessFactory = config.buildSessionFactory();
}
```

SessionFactory 组件的接口中有众多业务操作函数，可供编程开发过程中使用。一般来说，SessionFactory 是全局性的组件，直接影响到整个信息系统中存储层数据，在使用其接口函数的过程中，需特别小心，注意操作的安全性。

SessionFactory 接口 API 函数：

（1）close()：销毁 SessionFactory 实例。

（2）isClosed()：判断 SessionFactory 实例是否已销毁。

（3）evict(Class cla)：将参数所关联的持久化实例从 sessionFactory 二级缓存中全部删除，参数：Class 类型。

（4）getClassMetadata(Class cla)：返回一个绑定了参数类型的 ClassMetadata，参数：Class 类型。

（5）openSession()：从 SessionFactory 实例中构建一个 Session 对象实例，若 Session 对象已存在则直接返回该 Session。

（6）getCurrentSession()：返回当前应用程序中所使用的 Session 对象。

（7）getStatistics()：收集二级缓存中的相关数据实例访问信息，包括二级缓中存入数据实例的数量、命中数量等。

5.1.2 Session 接口

Session 是 Hibernate 框架中另外一个非常核心的接口，代表了应用程序持久化层操作数据物理存储层的连接实例，可理解为 JDBC 中的 Connection 类实例。Session 是一个轻量级的组件，组件的实例化过程不需要消耗太多的资源，对系统的负载的影响不大，因而可以在需要的时候即时创建，在使用完后即时销毁实例以释放资源。以下编码为 Session 组件的实例化过程，首先从 SessionFactory 组件中通过 openSession 函数得到 Session 实例，然后将其存储到专门的线程存储类 ThreadLocal 中，以后若在同一线程中要使用到该 Session 实例时，直接从 ThreadLocal 中取得，若 ThreadLocal 类中没有则重新通过 SessionFactory 组件创建。

```java
static final ThreadLocal threadSess = new ThreadLocal();
static Configuration con = new Configuration();
static SessionFactory factory ;

public static Session initSession(){
  Session sess = (Session)threadSess.get();

    if (session == null || !session.isOpen()) {
       if (factory == null) {
           con.configure("/hibernate.properties");
          factory = con.buildSessionFactory();
       }

       if(factory != null){
           sess = sessionFactory.openSession();
       }
       else{
           sess = null;
       }

       threadSess.set(sess);
    }

    return sess;
}
```

Session 组件的接口中有众多业务操作函数，可供对数据存储层的数据表进行操作过程中使用。一般来说，Session 是一个没有实现线程安全的组件，不能同时为多线程共享，因而绑定了上下文环境的 Session 实例只能响应单一的 DAO 任务操作。

1. DAO 操作类 API 函数

（1）get(Class cla, Serializable id)：
① 从数据表检索出对应用的记录；
② 参数一为数据实体的类型；
③ 参数二为数据实体中对应的主键；
④ 参数二必须为八大数据类型中的封装类型或字符串 String 类型；
⑤ 八大数据类型的封装类及 String 类均实现了 Serializable 接口；
⑥ 检索不到时返回 null。

（2）load(Class cla, Serializable id)：
① 从数据表检索出对应用的记录；
② 参数一为数据实体的类型；
③ 参数二为数据实体的主键属性，必须实现 Serializable 接口；
④ 检索不到时抛 ObjectNotFoundException。

（3）save(Object obj)：
① 把数据对象持久化到关系数据库；
② 参数为需要持久化的数据对象。

（4）delete(Object obj)：
① 删除与指定数据实体对象相关联的数据记录；
② 参数为指定的数据实体对象。

（5）merge(Object obj)：
① 用于数据实体的更新操作；
② 参数为最新实体对象。

（6）beginTransaction()：
① 开启事务；
② 写操作必须开启事务。

（7）getTransaction()：
返回 Session 所处的 Transaction 事务实例。

2. 缓存操作类 API 函数

（1）clear()：

清除 Session 缓存中的数据实例。

（2）flush()：

强制将 Session 缓存中的数据实例与数据库同步。

（3）evict(Object obj)：

① 将指定实例从 Session 缓存中清除；

② 参数为需要清除的对象实体。

（4）refresh(Object obj)：

① 把指定关系数据表信息实时同步到 Session 中；

② 参数为与数据表相对应的数据实体对象。

（5）contains(Object obj)：

① 检查 Session 缓存中是否存在当前对象；

② 参数为当前对象。

（6）session.getStatistics()：

① 返回 SessionStatistics 实例；

② 用于统计 Session 缓存的数据信息。

（7）getCacheMode()：

① 返回 CacheMode 对象；

② CacheMode 为 Hibernate 二级缓存。

3. 连接操作类 API 函数

（1）close()：

关闭 Session 实例。

（2）isOpen()：

判断 Session 是否已经实例化。

（3）connection()：

返回 JDBC 的 Connection 实例。

（4）disconnect()：

断开 Session 实例与 JDBC 的连接。

4. 其他操作类 API 函数

（1）createCriteria(Class cla)：

① 创建与指定类型实体关联的 Criteria 对象；

② 参数为指定实体类型。

（2）createQuery(String hql)：

① 产生一个 Query 实例；

② Query 用于 HQL 查询；

③ 参数为 HQL 语句。

（3）createSQLQuery(String sql)：

① 产生一个 SQLQuery 实例；

② SQLQuery 用于 SQL 查询；

③ 参数为 SQL 语句。

（4）getSessionFactory()：

返回 Session 所关联的 SessionFactory 对象。

（5）getEntityName(Object obj)：

① 返回持久化实体类的名称；

② 参数为实体类对象。

5.1.3　Criteria 接口

Criteria 是 Hibernate 框架中一个非常重要的数据检索接口，用于查询检索条件的组装，适应于各种复杂的数据检索场景。Criteria 是 CriteriaSpecification 接口下的一个子接口，用于在线方式组装数据检索条件。Criteria 接口下有三个实现子类，分别是 Example、Junction、SimpleExpression。Junction 类下有两个子类：Conjunction、Disjunction，分别代表查询条件的 and 与 or 条件关系，接口的结构关系如图 5-1 所示。Criteria 实例通过 Session 组件的 createCriteria 函数创建，其中参数为与关系数据表相对应的数据实体类型。

1. 检索操作函数

Criteria 接口主要用于数据检索中查询条件的组装，有丰富的函数来满足复杂数据检索查询。它依赖 Criterion、Restrictions 等操作类可实现与 SQL 方式同等灵活的查询效果，甚至可以支持多表联结查询、分页查询等操作。Restrictions 是一个工具类，里面提供了各种用于数据筛选的条件操作函数，如大于、等于、小于等数据过滤操作。

1）Criteria 接口函数

（1）add(Criterion cri)：

① 添加查询检索的条件；

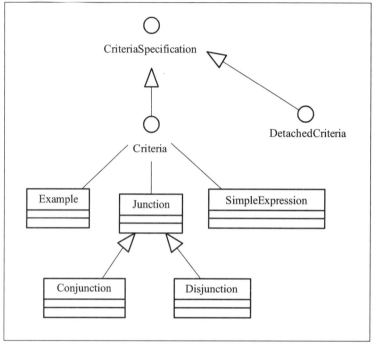

图 5-1　Criteria 接口关系

② 参数为 Criterion 类型的对象；

③ 函数返回 Criteria 对象。

（2）createAlias(String name, String alias)：

① 给某个属性或对象设定一个别名；

② 参数一为属性或对象名；

③ 参数二为别名；

④ 函数返回 Criteria 对象。

（3）createCriteria(String name)：

① 创建一个新的 Criteria 对象；

② 该 Criteria 对象与新的集合相关联；

③ 参数为集合的名称；

④ 用于多表联结查询操作。

（4）getAlias()：

返回 Criteria 对象对应的别名。

（5）list()：

① 返回数据查询操作的数据集合；

② 用于多条数据检索。

（6）uniqueResult()：

① 返回数据查询操作的数据集合；

② 用于单条数据检索。

（7）scroll()：

① 返回 ScrollableResults 对象；

② 用于游标操作。

（8）setFirstResult(int first)：

① 设置数据的起始检索位置；

② 用于分页检索。

（9）setMaxResults(int count)：

① 设置每次所检索记录数；

② 用于分页检索。

（10）addOrder(Order ord)。

① 设置返回记录的排序字段；

② 参数为 Order 类型对象；

③ 降序排序参数为：Order.desc(String propertyName)；

④ 升序排序参数为：Order.asc(String propertyName)。

2）Restrictions 工具类函数

（1）eq(String propertyName, Object value)：

① 等于条件过滤 "="；

② 参数一为过滤属性名称；

③ 参数二为过滤条件值。

（2）gt(String propertyName, Object value)：

① 大于条件过滤 ">"；

② 参数一为过滤属性名称；

③ 参数二为过滤条件值。

（3）ge(String propertyName, Object value)：

① 大于或等于条件过滤 ">="；

② 参数一为过滤属性名称；

③ 参数二为过滤条件值。

（4）lt(String propertyName, Object value)：

① 小于条件过滤 "<"；

② 参数一为过滤属性名称；

③ 参数二为过滤条件值。

（5）le(String propertyName, Object value)：

① 小于或等于条件过滤 "<="；

② 参数一为过滤属性名称；

③ 参数二为过滤条件值。

（6）between(String propertyName, Object min，Object max)：

① 介于条件过滤，即在某个边界值之间："between"；

② 参数一为过滤属性名称；

③ 参数二为过滤条件的最小边界值；

④ 参数三为过滤条件的最大边界值。

（7）like(String propertyName, Object value)：

① 模糊条件过滤，按照符号 "%" 进行匹配："like"；

② 参数一为过滤属性名称；

③ 参数二为模糊过滤条件表达式。

（8）in(String propertyName, Object[] value)：

① 列表条件过滤，在列出的范围内筛选："in"；

② 参数一为过滤属性名称；

③ 参数二为过滤条件（数组类型）。

2. 查询检索操作

Criteria 接口的检索操作与 Session 下的 DAO 操作过程一致，先是从 SessionFactory 组件中获得 Session 实例，然后从 Session 中取得 Criteria 实例，继而设置查询条件，检索数据。以下对各类型操作举例说明，先假设有 Student 数据实体，代码如下：

```java
public class Student {
    private String name;
    private String number;
    private String major;
    private String school;
    private int age;
```

```java
    public String getName() {
        return name;
    }
    public void setName(String name) {
        this.name = name;
    }
    public String getNumber() {
        return number;
    }
    public void setNumber(String number) {
        this.number = number;
    }
    public String getMajor() {
        return major;
    }
    public void setMajor(String major) {
        this.major = major;
    }
    public String getSchool() {
        return school;
    }
    public void setSchool(String school) {
        this.school = school;
    }
    public int getAge() {
        return age;
    }
    public void setAge(int age) {
        this.age = age;
    }
}
```

1）and 与 or 条件设置

在 Criteria 条件设置中提供了 add 函数，add 函数需要传入 Criterion 类型参数，Criterion

对象可以从 Restrictions 工具类取得。以下的代码中通过 Restrictions 的 eq 函数设置了两个属性条件"number=202000000001"与"major=现代教育技术",此两个属性条件各对应 criterion1 与 criterion2 实例,然后通过 Restrictions 的 or 函数设置 criterion1 与 criterion2 的关系为"或"操作关系,然后再把属性条件"name=何志明"与上面两者属性条件通过 add 函数设定为"与"操作关系。最终得到的条件关系为:"(number=202000000001 or major=现代教育技术) and name=何志明"。

```java
public void getStudent(){
    Session session = sessFactory.openSession();
    Transaction tx = session.beginTransaction();
    Criteria cri = session.createCriteria(Student.class);
    //or条件
    Criterion criterion1 = Restrictions.eq("number", "202000000001");
    Criterion criterion2 = Restrictions.eq("major", "现代教育技术");
    Criterion criterion_or = Restrictions.or(criterion1, criterion2);
    cri.add(criterion_or);
    //and条件
    Criterion criterion_and = Restrictions.eq("name", "何志明");
    cri.add(criterion_and);
    //检索单条数据
    Student s = (Student)cri.uniqueResult();
    tx.commit();
    session.close();
    System.out.println("name="+s.getName());
    System.out.println("number="+s.getNumber());
    System.out.println("major="+s.getMajor());
    System.out.println("school="+s.getSchool());
}
```

2)排序条件设置

在 Criteria 条件设置中提供了 addOrder 函数,addOrder 函数需要传入 Order 类型参数,Order 对象可以从本类的升降序函数 desc 或 asc 中取得,要传入排序属性。以下代码通过 Restrictions 类的 like 函数设置了模糊查询,同时设定以"number"属性为排序字段,同时使用降序的方式排列数据,最后用 list 函数返回所有符合要求的数据。

```
public void orderByStudent(){
    Session session = factory.openSession();
    Transaction tx = session.beginTransaction();
    Criteria cri = session.createCriteria(Student.class);
    Criterion criterion1 = Restrictions.like("school", "%职业技术学院");
    cri.add(criterion1);
    //设置排序属性
    Order orderBy = Order.desc("number");
    //设置排序条件
    cri.addOrder(orderBy);
    //检索多条数据
    List list = cri.list();
    tx.commit();
    session.close();
    for (int i = 0; i < list.size(); i++) {
        if (list!=null&&list.size()>0) {
            Student s = (Student)list.get(i);
            System.out.print("name=" + s.getName() + "\t");
            System.out.print("number=" + s.getNumber() + "\t");
            System.out.print("major=" + s.getMajor() + "\t");
            System.out.print("school=" + s.getSchool() + "\n");
        }
    }
}
```

3）分页检索设置

在 Criteria 条件设置中提供了 setFirstResult 与 setMaxResults 函数，setFirstResult 设定从哪个位置为检索起点（从起点位置后面开始检索），setMaxResults 设定每页的数据量。以下代码通过 Restrictions 类的 in 函数设置了查询的条件，同时设定从第 0 条记录后面开始检索数据，每页检索 20 条数据，最后用 list 函数返回所有符合要求的数据。

```
public void pageStudent(){
    Session session = factory.openSession();
    Transaction tx = session.beginTransaction();
    Criteria cri = session.createCriteria(Student.class);
```

```
String majors[] = {"电子应用技术","现代教育技术","网络技术"};
Criterion criterion1 = Restrictions.in("major", majors);
cri.add(criterion1);
//分页操作：设置数据检索起始位置
cri.setFirstResult(0);
//分页操作：设置每页检索的数据条数
cri.setMaxResults(20);
//检索多条数据
List list = cri.list();
tx.commit();
session.close();
for (int i = 0; i < list.size(); i++) {
    if (list!=null&&list.size()>0) {
        Student s = (Student)list.get(i);
        System.out.print("name=" + s.getName() + "\t");
        System.out.print("number=" + s.getNumber() + "\t");
        System.out.print("major=" + s.getMajor() + "\t");
        System.out.print("school=" + s.getSchool() + "\n");
    }
}
```

5.2 Hibernate 持久化机制

Hibernate 是一种高效率、高性能的持久化框架，是 Java 语言中对象关系映射（ORM）的一种实现方式，其底层封装了 JDBC 的实现过程，在上层开放出自己的新接口，以供应用程序调用，可以实现比 JDBC 更高效、更安全的数据持久化交互。

Hibernate 是 Java EE 领域一种全自动的对象关系映射的解决方案，持久化框架中能自动生成框架配置文件、类实体映射文件、数据实体类、DAO 操作类、各类型工厂类、数据连接池等各类型资源，支持 Java EE 的高效开发。

5.2.1 Hibernate 持久化过程

对象关系映射（ORM）是一种将关系数据库中的关系型操作转化为面向对象技术实现的一种重要方式与手段。其在持久化编程中把数据表映射为数据实体，数据表中的记录映射为实体的对象，数据表中的字段映射为数据实体的属性，从而可使用面向对象的思想操作关系型数据库。

Hibernate 框架的持久化过程是 ORM 原理的一种实现，在 Java 应用程序中，数据实体对象通过框架的持久化机制，最终成为关系数据库表的一条记录，完成从面向对象实例到关系型数据的转换。

1. 持久化类

持久化类也称为 POJO（Plain Old Java Object）类，是一种数据实体类，主要用于数据持久化操作，映射于关系数据库的数据表。持久化类本质上是一种 JavaBean,但需要满足相关标准与条件。

POJO 类标准：

（1）私有的属性权限（Private）：本类以外不允许直接访问。

（2）公有构造方法（Public）：任何地方可以构建本类实例。

（3）每个属性提供标准的 set 方法：命名：set+属性名称（第一个字母大写）；用于为属性赋值。

（4）每个属性提供标准的 get 方法：命名：get+属性名称（第一个字母大写）；用于读取属性值。

（5）实现系列化接口 Serializable：用于网络传输。

2. 对象状态转换

数据实体类的持久化对象，从一个普通的 Java 实例变成数据表中的记录，中间要在 Hibernate 持久化框架中经过瞬时、持久化、游离三种状态的变化，最终实现对象到数据转换，如图 5-2 所示。

1）瞬时状态

瞬时状态（Transient）也称为临时状态，是指数据实体类刚刚通过关键字 new 创建了持久化对象。这时所创建出来的数据实体对象是一个普通 Java 对象，与 Hibernate 持久化机制还未有任何关联，在语义上是 Java 应用程序中的一块内存空间而已。

2）持久化状态

持久化状态（Persistent），是指持久化对象已经进入 Session 组件的缓存中，已经与 Hibernate 框架的持久化机制发生关联，并且受框架中持久化过程的管理。

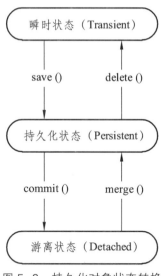

图 5-2　持久化对象状态转换

当处于瞬时状态的数据实体对象通过 Session 接口的 save 方法，以参数的形式传入 Session 缓存中，即实现从瞬时状态到持久化状态的转变。当持久化状态的实体对象，通过 Session 接口的 delete 方法，被从缓存中去除，则实体对象重新回到瞬时状态。

3）游离状态

游离状态（Detached）也称为脱管状态，是指持久化对象已经变成关系数据表中的数据记录，并且已经从 Session 缓存中移除，脱离了 Hibernate 的持久化机制的管理，故也称为脱管状态。

当处于持久化状态的数据实体对象通过 Transacton 接口的 commit 方法，提交本次操作的事务时，即实现从持久化状态到游离状态的转变。当游离状态的实体对象，通过 Session 接口的 merge 方法，重新装载入 Session 缓存，则实体对象重新回到持久化状态。

5.2.2　数据实体主键生成方式

在 Hibernate 框架中，数据实体的主键可通过多种方式来赋值，如手动分配、按框架持久化机制自增、按数据库机制自增、使用外键等，不同的方式对应不同的实现机制。数据实体的主键生成方式是通过数据实体的映射文件（hbm.xml）进行配置，通过 <generator> 节点的 class 属性来指定主键的赋值方式。

1. 手动分配主键

当 class 属性指定为 assigned 时，表示此实体对象的主键采用手动分配的方式来确定其 ID 值。此方式一般适用于主键类型为 String 类型的属性，在数据实体持久化对象以参数形式传入 Session 缓存前为其手动赋值。

格式：<generator class="assigned">

2. 主键数值自增

当 class 属性指定为 increment 时，表示此实体对象的主键按 Hibernate 框架的持久化机制进行自增。此方式一般适用于主键类型为 Byte、Short、Integer、Long 类型的属性，数据实体持久化对象传入 Session 缓存前无需做任何处理，框架会自动为其生成 ID 值。

格式：<generator class="increment">

3. 关系数据库自增

当 class 属性指定为 identity 时，表示此实体对象的主键按关系数据库自身的方式生成 ID 值。此方式一般适用于主键类型为 Byte、Short、Integer、Long 类型的属性，数据实体持久化对象持久化代码无需做任何处理，当 POJO 实体对象由持久化状态转变为游离状态时，关系数据库将按自身底层的机制为其分配 ID 值，此种主键生成机制一般适用于 MySQL、DB2 等特定类型的关系型数据。

格式：<generator class="identity">

4. 序列自增

当 class 属性指定为 sequence 时，表示此实体对象的主键按关系数据库的序列方式生成 ID 值。此方式一般适用于主键类型为 Byte、Short、Integer、Long 类型的属性，数据实体持久化对象在 Hibernate 框架的持久化编码过程中无需对 ID 属性分配具体值，只有当 POJO 实体对象脱离 Session 缓存，变成数据表的记录时，关系数据库将按其序列机制为记录分配 ID 值，此种主键生成机制一般只适用特定的关系型数据库，如 Oracle。

格式：<generator class="identity">

5. 外键引用

当 class 属性指定为 foreign 时，表示此数据实体类将以其他数据实体的外键作为本 POJO 类的主键。此方式一般适用于关系实体间存在引用关系的数据实体，在数据实体持久化对象进入 Session 缓存前需指定对应的外键值。

格式：<generator class="foreign">

5.2.3　数据连接池

连接池是一种专门存储应用程序与关系数据库之间连接实例的集合，其作用是避免数据库连接实例的重复创建，在提高应用程序的并发访问能力上有重要作用。使用连接池时所支持的并发访问数量，能达到未使用连接池的并发数量 10 倍以上。在 Java EE 领域连接池的种类非常多，常见的有 DBCP、DBPool、Proxool、C3P0 等，其中 C3P0 是市场上最主流、最成熟的连接池之一，Hibernate 持久化框架也能与 C3P0 连接池完美整合。

在 Hibernate 持久化框架中整合 C3P0 连接池时，必须导入连接池资源包及关系数据库驱动包，并做相关参数配置。通过对<session-factory>节点内的<property>子节点指定各项属性值，如初始连接数、最大连接数、超时处理、连接回收临界值等。

1．连接池环境整合

（1）添加连接池包，如 c3p0-0.9.1.2.jar。

（2）添加关系数据库驱动包，如 mysql-connector-java-5.1.22.jar。

（3）在 Hibernate 框架中配置连接参数：在 hibernate.cfg.xml 文件中配置。

2．C3P0 连接池参数配置

`provider_class:`

连接池类型：C3P0ConnectionProvider。

`max_size:`

最大连接数。

`min_size:`

最小连接数。

`Timeout:`

连接等待超时时间。

`max_statements:`

最大 statement 实例数。

`idle_test_period:`

连接回收的临界值。

`acquire_increment:`

连接耗尽后，一次增加的连接数。

`Validate:`

是否检查连接有效性。true：检查，在连接无效时重建连接；false：不检查，在连接无效时抛异常。

以下为 C3P0 连接池在<session-factory>节点下的参数配置代码，在代码中配置了连接池的提供类为 C3P0ConnectionProvider，同时配置了连接池中最大连接数为 50，最小连接数为 10，连接耗尽后并发请求的最大等待时间为 30 s，最大的 statement 实例个数为 50，连接空闲时间若超过 20 s 则会被回收释放，初始连接耗尽后每次增加 2 个连接实例，每次使用连接时，需检查连接的有效性。

```
<session-factory>
    <property name="hibernate.connection.provider_class">
        org.hibernate.connection.C3P0ConnectionProvider
    </property>
    <property name="hibernate.c3p0.max_size11">50</property>
    <property name="hibernate.c3p0.min_size11">10</property>
    <property name="hibernate.c3p0.timeout">30000</property>
    <property name="hibernate.c3p0.max_statements">50</property>
    <property name="hibernate.c3p0.idle_test_period"> 20</property>
    <property name="hibernate.c3p0.acquire_increment"> 2</property>
    <property name="hibernate.c3p0.validate">true</property></session-factory>
```

5.2.4　Hibernate 持久化缓存

缓存是一种介于应用程序与硬盘之间的数据存储介质，缓存上的数据能快速地被应用程序读取，因而在提高应用程序性能、效率等方面有非常重要的作用。一般来说，缓存中数据来源于硬盘，而且缓存中的数据必须通过某种机制实现与硬盘中的数据保持同步。

Hibernate 持久化框架中包含有两级缓存：一级缓存为内置缓存，二级缓存为外置缓存。内置缓存为 Hibernate 框架中固有的软件缓存，一般为各种核心组件的缓存空间。外置缓存则为插拔式的硬件缓存，非框架中固有缓存，可通过 Hibernate 框架预留的接口实现缓存的扩充，因而二级缓存也称为可卸载式缓存。

1. Session 缓存

Session 缓存也称为持久化缓存，是一种内置缓存，也是 Hibernate 框架中的一级缓存。Session 缓存能够减少对关系数据库中的读写操作频率，进而减少 IO 输入、输出流瓶颈，提高数据库的性能。

当应用程序需要对关系数据库做多次读写操作时，Session 缓存会根据某种机制集中到一定数量的 SQL 操作语句，然后再一次性统一传递到关系数据库中，这样就在一定程度上降低对关系数据库的读写访问次数。

处于 Session 缓存中数据实体对象也称为持久化对象，所有与关系数据库交互的数据或对象都需要经过 Session 缓存的处置，根据对象持久化机制完成各阶段状态的转换，并最终完成对关系数据库的读写操作。

2. SessionFactory 缓存

SessionFactory 缓存也称为应用级缓存，包含内置缓存与外缓存两部分。内置缓存主要是 SessionFactory 实例中的集合属性，此部分缓存也属于 Hibernate 框架中的一级缓存。外置缓存主要是外部可插拔式的硬件缓存，此部分缓存属于 Hibernate 框架中的二级缓存。

Hibernate 框架中的二级缓存一般只用于读操作，很少涉及写操作，因为如果涉及写操作还要考虑数据如何与关系数据库同步的问题，会大大降低可插拔硬件缓存的效率。一般来说，二级缓存中存储的是信息系统中的静态数据，即不会随意变更的系统数据，如系统配置参数、业务模型元数据等。

3. 二级缓存配置

Hibernate 框架二级缓存由 SessionFactory 组件进行管理，其中的数据对象可以被所有业务线程共享，为全局性的缓存对象。二级缓存可在框架中根据预留的接口进行类型、对象数量、存活时间长短等方面的详细配置。

1）二级缓存整合

（1）在配置文件中 hibernate.cfg.xml 声明二级缓存：

① 开启配置：

```
<property name="cache.use_second_level_cache">true</property>
```

② 类型声明二配置：

```
<property name="cache.region.factory_class">org.hibernate.
cache.ehcache.EhCacheRegionFactory </property>
```

（2）工程导入二级缓存资源包：

```
ehcache-core-2.6.6.jar
hibernate-ehcache-4.2.1.Final.jar
slf4j-api-1.7.5.jar
```

（3）创建二级缓存配置文件：

在字节码路径下定义 ehcache.xml 文件。

2）二级缓存的配置

maxElementsInMemory：设置二级缓存中最大的对象数量。

eternal：设置对象是否永久维持。true：表示永远维持，不销毁；false：表示在适当的时候会回收销毁。

timeToLiveSeconds：设置对象的最大生存时间，超过此时间将被回收销毁（单位：秒）。

timeToIdleSeconds：设置对象的最大空闲时间，超过此时间将从二级缓存移除（单位：秒）。

overflowToDisk：设置内存溢出时，对象是否写入硬盘。

maxElementsOnDisk：硬盘中最大的缓存对象数量。

diskPersistent：Java 虚拟机关闭时，是否把二级缓存中的对象写入硬盘。

memoryStoreEvictionPolicy：缓存中数据超过容量限制时，数据对象向硬盘中写入的策略方式："先进先出"策略（FIFO）；"长期以来最少被使用"策略（LFU）；"最近某个时间内最少被使用"策略（LRU），为默认值。

diskExpiryThreadIntervalSeconds：对象失效监测线程的运行间隔时间（单位：秒）。

以下为一段关于二级缓存数据对象的默认配置代码，表示二级缓存中最大对象数为 600，缓存中的对象不是永久有效的，对象的最大存活动时间为 100 s，最大空闲时间超过 30 s 时将被清除，如果缓存中发生内存溢出时可以向硬盘写入数据对象，硬盘中的最大对象数为 5000，JVM 重启后缓存上的数据对象将失效，失效监测线程的运行间隔时间为 1 min，数据对象向硬盘中写入的策略方式为 LRU 方式。

```
<defaultCache
 maxElementsInMemory="600"
 eternal="false"
 timeToLiveSeconds="100"
 timeToIdleSeconds="30"
 overflowToDisk="true"
 maxElementsOnDisk="5000"
 diskPersistent="false"
 diskExpiryThreadIntervalSeconds="60"
 memoryStoreEvictionPolicy="LRU"
/>
```

5.3 应用项目开发

Hibernate 是一个高效率、全自动化型的 ORM 框架，具有强大的数据处理能力，支持各种关系数据平台，编码简单、灵活，广泛使用于 Java EE 领域信息系统开发，深受开发人员的喜爱。

5.3.1 应用项目描述

在一个电商平台模块中，有会员（Member）、充值（Customer）、消费（Customer）三个实体。在平台中首先要注册成为会员，然后需要在平台上充值，最后就能购买平台中的相关商品。按如下几点要求完成项目编码。

（1）设计出相关数据实体及表环境。

（2）在应用程序中使用 ORM 框架并集成数据库连接池。

（3）模拟 2000 个以上用户同时并发往数据表中插入业务数据。

5.3.2 编码开发

本项目采用 Hibernate 框架集成 C3P0 连接池实现相关的数据处理操作，先进行数据库设计及表环境实施，再搭建 Web 项目集成 Hibernate 框架，最后使用线程模拟实现相关功能需求。

1. 数据库设计及表环境集成

1）数据库设计

会员表（member）、充值表（in_money）、消费表（out_money）之间通过会员 ID 关联数据的业务关系，体现的业务意义是哪个会员充值，哪个会员消费，购买了何种商品。

数据表结构：

（1）会员表（member）：

会员 ID：member_id varchar(45) 主键；

会员名称：member_name varchar(45)；

会员等级：mbmber_rank varchar(45)；

注册时间：register_time datetime。

（2）充值表（in_money）：

充值标识：id int 主键 自增；

用户 ID：member_id varchar(45)；

充值时间：in_money_time datetime；

充值金额：much int。

（3）消费表（out_money）：

消费标识：id int 主键 自增；

用户 ID：member_id varchar(45)；

消费时间：out_money_time datetime；

消费金额：much int；

购买商品 ID：commodity_id int。

2）数据库环境实施

在 MySQL 数据库环境下，执行 mall.sql 脚本即可创建 member、in_money、out_money 三张数据表结构，相关数据由应用程序通过 Hibernate 框架的持久化操作往里面填充数据。

mall.sql 脚本：

```sql
CREATE DATABASE IF NOT EXISTS mall;
USE mall;


DROP TABLE IF EXISTS in_money;
CREATE TABLE in_money (
  id int(10) unsigned NOT NULL auto_increment,
  member_id varchar(45) NOT NULL,
  in_money_time datetime NOT NULL,
  much int(10) unsigned NOT NULL,
  PRIMARY KEY  (id)
) ENGINE=InnoDB DEFAULT CHARSET=utf8;


DROP TABLE IF EXISTS member;
CREATE TABLE member (
  member_id varchar(45) NOT NULL,
  member_name varchar(45) NOT NULL,
  member_rank varchar(45) NOT NULL,
  register_time datetime NOT NULL,
  PRIMARY KEY  (member_id)
```

```
) ENGINE=InnoDB DEFAULT CHARSET=utf8;


DROP TABLE IF EXISTS out_money;
CREATE TABLE out_money (
  id int(10) unsigned NOT NULL auto_increment,
  member_id varchar(45) NOT NULL,
  out_money_time datetime NOT NULL,
  much int(10) unsigned NOT NULL,
  commodity_id int(10) unsigned NOT NULL,
  PRIMARY KEY  (id)
) ENGINE=InnoDB DEFAULT CHARSET=utf8;
```

2. 持久化编码实现

1）Hibernate 项目工程环境搭建

在 MyEclipse 开发工具上创建一个名称为"mall"的 Web 工程，并添加 Hibernate 框架组件，完成后在项目的 lib 目录添加 MySQL 数据库连接驱动包 "mysql-connector-java-5.1.6-bin.jar"及 C3P0 连接池驱动包"c3p0-0.9.1.2.jar"。

最后打开 Hibernate 框架配置文件，在里面添加数据库连接参数、连接池配置参数、声明实体映射文件位置，具体参考 hibernate.cfg.xml 文件。

hibernate.cfg.xml 文件：

```
<?xml version='1.0' encoding='UTF-8'?>
<!DOCTYPE hibernate-configuration PUBLIC
"-//Hibernate/Hibernate Configuration DTD 3.0//EN"
"http://hibernate.sourceforge.net/hibernate-configuration-3.0.dtd">
<hibernate-configuration>

    <session-factory>
    <!-- 基本信息配置 -->
    <property name="dialect">
          org.hibernate.dialect.MySQLDialect
    </property>
        <property name="connection.url">
          jdbc:mysql://localhost:3306/mall
        </property>
```

```xml
        <property name="connection.username">root</property>
        <property name="connection.password">root</property>
        <property name="connection.driver_class">
            com.mysql.jdbc.Driver
        </property>
        <!-- 连接池配置 -->
        <property name="hibernate.connection.provider_class">
            org.hibernate.connection.C3P0ConnectionProvider
        </property>
        <property name="hibernate.c3p0.max_size">15</property>
        <property name="hibernate.c3p0.min_size">3</property>
        <property name="hibernate.c3p0.timeout">25000</property>
        <property name="hibernate.c3p0.max_statements">50</property>
        <property name="hibernate.c3p0.idle_test_period">1000</property>
        <property name="hibernate.c3p0.acquire_increment">3</property>
        <property name="hibernate.c3p0.validate">true</property>
    <!-- 装载实体映射文件 -->
    <mapping resource="com/mall/dao/Member.hbm.xml" />
    <mapping resource="com/mall/dao/InMoney.hbm.xml" />
    <mapping resource="com/mall/dao/OutMoney.hbm.xml" />
    </session-factory>
</hibernate-configuration>
```

2）添加数据实体类

在工程项目中创建模块包"com.mall.dao"，在此包下创建 Member、InMoney、OutMoney 三个实体类，分别与关系数据库环境中的 member、in_money、out_money 三张数据表对应。

Member.java：

```java
package com.mall.dao;
import java.sql.Timestamp;

public class Member {
    private String memberId;
```

```
        private String memberName;
        private String memberRank;
        private Timestamp registerTime;
        public String getMemberId() {
            return memberId;
        }
        public void setMemberId(String memberId) {
            this.memberId = memberId;
        }
        public String getMemberName() {
            return memberName;
        }
        public void setMemberName(String memberName) {
            this.memberName = memberName;
        }
        public String getMemberRank() {
            return memberRank;
        }
        public void setMemberRank(String memberRank) {
            this.memberRank = memberRank;
        }
        public Timestamp getRegisterTime() {
            return registerTime;
        }
        public void setRegisterTime(Timestamp registerTime) {
            this.registerTime = registerTime;
        }
}
```

InMoney.java：

```
package com.mall.dao;
import java.sql.Timestamp;


public class InMoney {
```

```
        private Integer id;
        private String memberId;
        private Timestamp inMoneyTime;
        private Integer much;
        public Integer getId() {
            return id;
        }
        public void setId(Integer id) {
            this.id = id;
        }
        public String getMemberId() {
            return memberId;
        }
        public void setMemberId(String memberId) {
            this.memberId = memberId;
        }
        public Timestamp getInMoneyTime() {
            return inMoneyTime;
        }
        public void setInMoneyTime(Timestamp inMoneyTime) {
            this.inMoneyTime = inMoneyTime;
        }
        public Integer getMuch() {
            return much;
        }
        public void setMuch(Integer much) {
            this.much = much;
        }
}
```

OutMoney.java：

```
package com.mall.dao;
import java.sql.Timestamp;
```

```java
public class OutMoney {
    private Integer id;
    private String memberId;
    private Timestamp outMoneyTime;
    private Integer much;
    private Integer commodityId;
    public Integer getId() {
        return id;
    }
    public void setId(Integer id) {
        this.id = id;
    }
    public String getMemberId() {
        return memberId;
    }
    public void setMemberId(String memberId) {
        this.memberId = memberId;
    }
    public Timestamp getOutMoneyTime() {
        return outMoneyTime;
    }
    public void setOutMoneyTime(Timestamp outMoneyTime) {
        this.outMoneyTime = outMoneyTime;
    }
    public Integer getMuch() {
        return much;
    }
    public void setMuch(Integer much) {
        this.much = much;
    }
    public Integer getCommodityId() {
        return commodityId;
    }
}
```

```
    public void setCommodityId(Integer commodityId) {
        this.commodityId = commodityId;
    }
}
```

3）添加数据实体映射文件

数据映射文件是应用程序中实体类与关系数据库数据表的关联桥梁，定义了
Hibernate 框架的 ORM 映射规则，在"com.mall.dao"包模块下需要添加 Member.hbm.xml、
InMoney.hbm.xml、OutMoney.hbm.xml 三个映射文件与三个实体类相对应。

Member.hbm.xml 文件：

```
<?xml version="1.0" encoding="utf-8"?>
<!DOCTYPE hibernate-mapping PUBLIC
"-//Hibernate/Hibernate Mapping DTD 3.0//EN"
"http://hibernate.sourceforge.net/hibernate-mapping-3.0.dtd">

<hibernate-mapping>
    <class name="com.mall.dao.Member" table="member" catalog="mall">
        <id name="memberId" type="java.lang.String">
            <column name="member_id" length="45" />
            <generator class="assigned" />
        </id>
        <property name="memberName" type="java.lang.String">
            <column name="member_name" length="45" not-null= "true" />
        </property>
        <property name="memberRank" type="java.lang.String">
            <column name="member_rank" length="45" not-null= "true" />
        </property>
        <property name="registerTime" type="java.sql.Timestamp">
            <column name="register_time" length="45" not-null= "true" />
        </property>
    </class>
</hibernate-mapping>
```

InMoney.hbm.xml 文件：

```
<?xml version="1.0" encoding="utf-8"?>
```

```
<!DOCTYPE hibernate-mapping PUBLIC
"-//Hibernate/Hibernate Mapping DTD 3.0//EN"
"http://hibernate.sourceforge.net/hibernate-mapping-3.0.dtd">

<hibernate-mapping>
    <class name="com.mall.dao.InMoney" table="in_money" catalog="mall">
        <id name="id" type="java.lang.Integer">
            <column name="id"/>
            <generator class="identity" />
        </id>
        <property name="memberId" type="java.lang.String">
            <column name="member_id" length="45" not-null="true" />
        </property>
        <property name="inMoneyTime" type="java.sql.Timestamp">
            <column name="in_money_time" not-null="true" />
        </property>
        <property name="much" type="java.lang.Integer">
            <column name="much" not-null="true" />
        </property>
    </class>
</hibernate-mapping>
```

OutMoney.hbm.xml 文件：

```
<?xml version="1.0" encoding="utf-8"?>
<!DOCTYPE hibernate-mapping PUBLIC
"-//Hibernate/Hibernate Mapping DTD 3.0//EN"
"http://hibernate.sourceforge.net/hibernate-mapping-3.0.dtd">

<hibernate-mapping>
    <class name="com.mall.dao.OutMoney" table="out_money" catalog="mall">
        <id name="id" type="java.lang.Integer">
            <column name="id"/>
            <generator class="identity" />
        </id>
```

```
            <property name="memberId" type="java.lang.String">
                <column name="member_id" length="45" not-null="true" />
            </property>
            <property name="outMoneyTime" type="java.sql.Timestamp">
                <column name="out_money_time" not-null="true" />
            </property>
            <property name="much" type="java.lang.Integer">
                <column name="much" not-null="true" />
            </property>
            <property name="commodityId" type="java.lang.Integer">
                <column name="commodity_id" not-null="true" />
            </property>
    </class>
</hibernate-mapping>
```

4）客户端线程类开发

通过开发多线程类模拟用户在客户端远程并发访问平台的场景，每个线对应一个真实用户的操作行为。在项目工程中新建模块包"com.mall.client"，并在此包下开发 ClientThread 线程类，具体实现参考 ClientThread.java 文件。

ClientThread.java 文件：

```java
package com.mall.client;
import java.sql.Timestamp;
import java.util.Date;
import org.hibernate.Session;
import org.hibernate.SessionFactory;
import org.hibernate.Transaction;
import org.hibernate.cfg.Configuration;
import com.mall.dao.InMoney;
import com.mall.dao.Member;
import com.mall.dao.OutMoney;

public class ClientThread implements Runnable{
    private int n;
    private static Configuration config = new Configuration();
```

```
    private static SessionFactory factory =
        config.configure("/hibernate.cfg.xml").buildSession Factory();
public ClientThread(int n){
    this.n=n;
}
public void run() {
    Session sess = null;
    Transaction transaction = null;
    try {
        String memberId = "M00"+n;
        String memberName = "会员"+n;
        int commodityId = 1000+n;
        sess = factory.openSession();
        transaction = sess.beginTransaction();
        Member me = new Member();
        me.setMemberId(memberId);
        me.setMemberName(memberName);
        me.setMemberRank("VIP");
        Date regdate = new Date();
        Timestamp regTime = new Timestamp(regdate.getTime());
        me.setRegisterTime(regTime);
        sess.save(me);
        InMoney in = new InMoney();
        Date indate = new Date();
        Timestamp inMoneyTime = new Timestamp(indate.getTime());
        in.setInMoneyTime(inMoneyTime);
        in.setMemberId(memberId);
        in.setMuch(5000);
        sess.save(in);
        OutMoney out = new OutMoney();
        Date outdate = new Date();
        Timestamp outMoneyTime = new Timestamp(outdate.getTime());
        out.setCommodityId(commodityId);
```

```
            out.setMemberId(memberId);

            out.setMuch(200);

            out.setOutMoneyTime(outMoneyTime);

            sess.save(out);


            transaction.commit();

            System.out.println("第"+n+"个客户端任务已完成");


        } catch (Exception e) {

            transaction.rollback();

            e.printStackTrace();

        } finally {

            if (sess != null && sess.isOpen()) {

                sess.close();

            }

        }

    }

}
```

5）测试类开发

一个 ClientThread 线程类模拟一个用户的访问请求，在模块包"com.mall.client"下创建 ClientRun 测试类，类中通过循环来同时启动 2000 个客户端线程类，并发访问电商平台，测试 C3P0 连接池的效果。测试类运行后将启动相关客户端，如图 5-3 所示，所有线程客户端运行完毕后，可以看到三个数据表中均增加了 2000 条数据，如图 5-4、图 5-5、图 5-6 所示，证明连接池在支持高并发上的重要作用，测试类的编码实现参考 ClientRun.java 文件。

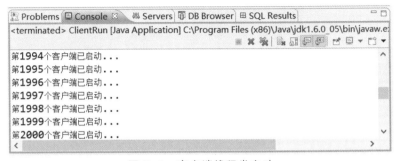

图 5-3　客户端线程类启动

member_id	member_name	member_rank	register_time
M00712	会员712	VIP	2021-08-02 12:58:58
M00713	会员713	VIP	2021-08-02 12:58:57
M00714	会员714	VIP	2021-08-02 12:58:58
M00715	会员715	VIP	2021-08-02 12:58:59
M00716	会员716	VIP	2021-08-02 12:58:57
M00717	会员717	VIP	2021-08-02 12:58:59
M00718	会员718	VIP	2021-08-02 12:58:59
M00719	会员719	VIP	2021-08-02 12:58:57
M0072	会员72	VIP	2021-08-02 12:58:59
M00720	会员720	VIP	2021-08-02 12:58:57
M00721	会员721	VIP	2021-08-02 12:58:59
M00722	会员722	VIP	2021-08-02 12:58:59
M00723	会员723	VIP	2021-08-02 12:58:58
M00724	会员724	VIP	2021-08-02 12:58:58

2000 rows fetched in 0.0056s (0.0006s)   ✎ Edit

1: 23

图 5-4　会员表数据

id	member_id	in_money_time	much
1987	M001165	2021-08-02 12:58:59	5000
1988	M00485	2021-08-02 12:58:59	5000
1989	M00688	2021-08-02 12:58:59	5000
1990	M001648	2021-08-02 12:58:59	5000
1991	M001204	2021-08-02 12:58:59	5000
1992	M00203	2021-08-02 12:58:59	5000
1993	M0014	2021-08-02 12:58:59	5000
1994	M0046	2021-08-02 12:58:59	5000
1995	M001620	2021-08-02 12:58:59	5000
1996	M00319	2021-08-02 12:58:59	5000
1997	M001619	2021-08-02 12:58:59	5000
1998	M00439	2021-08-02 12:58:59	5000
1999	M001616	2021-08-02 12:58:59	5000
2000	M001615	2021-08-02 12:58:59	5000

2000 rows fetched in 0.0039s (0.0006s)

1: 1

图 5-5　充值表数据

id	member_id	out_money_time	much	commodity_id
1987	M001165	2021-08-02 12:58:59	200	2165
1988	M00485	2021-08-02 12:58:59	200	1485
1989	M00688	2021-08-02 12:58:59	200	1688
1990	M001648	2021-08-02 12:58:59	200	2648
1991	M001204	2021-08-02 12:58:59	200	2204
1992	M00203	2021-08-02 12:58:59	200	1203
1993	M0014	2021-08-02 12:58:59	200	1014
1994	M0046	2021-08-02 12:58:59	200	1046
1995	M001620	2021-08-02 12:58:59	200	2620
1996	M00319	2021-08-02 12:58:59	200	1319
1997	M001619	2021-08-02 12:58:59	200	2619
1998	M00439	2021-08-02 12:58:59	200	1439
1999	M001616	2021-08-02 12:58:59	200	2616
2000	M001615	2021-08-02 12:58:59	200	2615

2000 rows fetched in 0.0050s (0.0008s)   ✎ Edit

1: 1

图 5-6　消费表数据

ClientRun.java 文件：

```java
package com.mall.client;

public class ClientRun {
    public static void main(String[] args) {
        for (int i = 0; i < 2000; i++) {
            int n = i + 1;
            ClientThread c = new ClientThread(n);
            Thread th = new Thread(c);
            th.start();
            System.out.println("第"+n+"个客户端已启动...");
        }
    }
}
```

Hibernate 框架高级应用

本章将论述 Hibernate 框架的高级应用配置及相关编码实现，阐述 Hibernate 框架反向工程的原理及工作过程，详述 HQL 语言的语法、功能作用及适用场景，最后论述 Hibernate 框架中关联映射的种类及相关的实现过程。

6.1 Hibernate 框架反向工程应用

反向工程也称为逆向工程，是软件工程中一种与常规设计开发步骤相反，采用自底下向上层构建的方式来搭建项目工程的骨架及资源维护的过程。反向工程是软件工程中的一种重要的项目构建方式，能快速成型项目工程的原型，快速构建各类资源，在原型开发阶段及项目工程设计、构建的初期有广泛的应用空间，特别适用于敏捷类型项目工程的开发。

6.1.1 反向工程原理

在常规的软件工程开发中，应用项目架构的过程是从上到下，从顶层到底层的构建方式。反向工程则是通过底层的实现或底层的构件，逆向推导上层构件的实现，逆向获取上层构件的相关编码、资源文件、设计文档等项目资源。正确使用反向工程能极大地提升软件项目开发的速度，缩短软件项目开发周期，降低项目开发的成本，具体积极的正面意义。但若反向工程使用不当，也会导致负面的消极作用，引入负面的问题，增加项目开发的风险。比如通过反向工程推导出来项目资源成果可能会引入知识产权问题，如果造成了侵权的行为无疑就增加项目开发的风险点，增加了项目开发中的不可控因素。

反编译是一种最常见的反向工程，通过对字节码文件的反向编译可以得到源码文件的编码实现，这就是一种从产品整体到内部细节的反向推导过程。在软件开发市场中存在着众多的编译工具，其本质上就是反向工程的实现工具。

在 Hibernate 持久化框架中，反向工程主要针对应用工程的数据存储层，通过数据层的反向推导可得到项目工程应用层的实体类文件、数据库操作层 DAO 编码实现、模型实体映射文件等方面的资源，此类资源可直接应用于项目工程的构建及编码开发中，如图 6-1 所示。

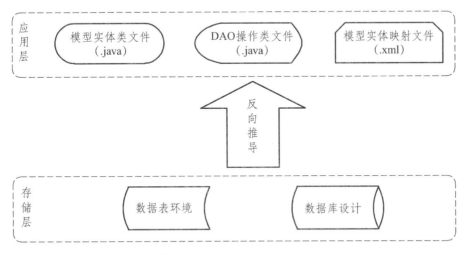

图 6-1 Hibernate 反向工程

6.1.2 反向工程操作

Hibernate 框架反向工程在不同开发工具下有不同的操作实现方式，但其原理及本质上都是相同的。下面以 Java EE 开发中较为常用的 MyEclipse 工具为例说明 Hibernate 框架如何使用反向工程进行高效的项目构建及快速编码开发。

1. 数据库存储层

在 Hibernate 框架的反向工程中，因其是自下而上的方式导向，所以要先定义出项目工程的数据存储层，开发出数据库的存储设计方案，集成好数据库表环境，包括表结构、表空间、关联关系、视图等方面。

在如下的数据库存储需求方案中，有两个数据表：快递发送表（Send）、快递收货表（Receive），表结构如以下描述，表环境实施脚本如 post.sql，通过实施脚本可直接在数据库中创建相关的表环境。

快递发送表（Send）：

发送 ID：Id int 主键；

发货人：Send_Person varchar；

发货地址：Send_Address varchar；

发货时间：Send_Time datetime；

派送类型：Send_Type char；

快递费：Send_Charge float；

快递单号：Post_Number varchar。

快递收货表（Receive）：

收货 ID：Id int 主键；

收件人：Receive_Person varchar；

收件地址：Receive_Address varchar；

签收时间：Receive_Time datetime；

快递单号：Post_Number varchar；

派送人员：Post_Man varchar。

post.sql 文件：

```sql
CREATE DATABASE IF NOT EXISTS orm;
USE orm;


DROP TABLE IF EXISTS receive;
CREATE TABLE receive (
  Id int(10) unsigned NOT NULL auto_increment,
  Receive_Person varchar(45) NOT NULL,
  Receive_Address varchar(45) NOT NULL,
  Receive_Time datetime NOT NULL,
  Post_Number varchar(45) NOT NULL,
  Post_Man varchar(45) NOT NULL,
  PRIMARY KEY (Id)
) ENGINE=InnoDB DEFAULT CHARSET=utf8;


DROP TABLE IF EXISTS send;
CREATE TABLE send (
  Id int(10) unsigned NOT NULL auto_increment,
  Send_Person varchar(45) NOT NULL,
  Send_Address varchar(45) NOT NULL,
  Send_Time datetime NOT NULL,
```

```
Send_Type char(1) NOT NULL,
Send_Charge float NOT NULL,
Post_Number varchar(45) NOT NULL,
PRIMARY KEY  USING BTREE (Id)
) ENGINE=InnoDB DEFAULT CHARSET=utf8;
```

2. MyEclipse 工具数据库连接配置

使用 MyEclipse 进行 Hibernate 框架反向工程操作时，需要先配置好一个从 MyEclipse 开发工具到数据库存储层的连接。MyEclipse 工具在进行反向工程操作时，就是通过此创建的连接作为桥梁中介来推导应用层中与数据层所关联映射的相关资源。

在 MyEclipse 工具的三级目录菜单下"Window/Show View/Other"，打开"Show View"窗体，在窗体中选择"MyEclipse Database/DB Browser"项，打开数据库视图，在该视图窗口内右击，可跳出一个数据库连接操作菜单，在弹出菜单中选择"New"菜单项，即可打开数据库连接配置窗口，新创建一个从 MyEclipse 工具到数据库的连接，如图 6-2

图 6-2　反向工程操作（1）

所示。数据库连接配置窗口需要填写基本的数据库连接参数，"Driver Template"参数为数据连接模板的类型，根据实际情况选择，"Driver Name"参数为连接名称，可任意起，"Connection URL"参数为连接的 URL，点击"Add JARs"按钮连接添加数据库的连接驱动 Jar 包，最后点击"Finish"按钮即完成连接的配置，得到一个新连接。右击新创建的连接并选择"Open Connection"项可打开此连接，打开相关的数据库连接后，只要在相关的工程中创建 sql 类型的脚本文件，即可在文件中操作数据存储层的相关数据表，如图 6-3 所示。

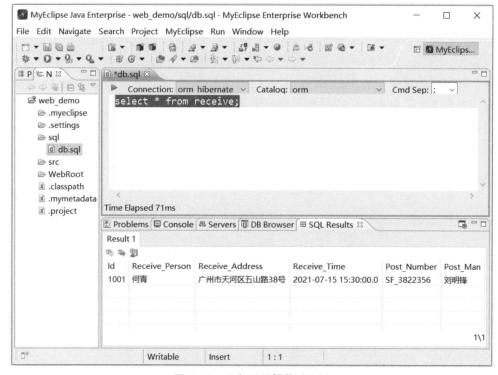

图 6-3　反向工程操作（2）

3. 搭建 Hibernate 项目工程

Hibernate 的反向工程操作必须要在 Hibernate 的应用项目中才能进行，常规操作步骤是先搭建一个 Web 项目工程,然后再往项目中添加 Hibernate 组件的相关依赖 Jar 文件，在项目工程集成 Hibernate 应用框架。

打开 MyEclipse 集成开发工具，创建一个 Web 工程项目，并在工程中创建一个"com.sh.dao"的模块包，右击该工程，在弹出的菜单中选择二级菜单项"MyEclipse/Add

Hibernate Capabilities",可打开 Hibernate 组件的添加窗体,按相关提示进行相关操作。在 "Specify Hibernate database connection details"步骤中选择上一步创建的数据库连接作为工程项目的数据库配置细节,在 "Define SessionFactory properties"步骤中选择项目工程中的 dao 包作为 SessionFactory 组件的模块包, 操作完成后即完成添加 Hibernate框架,如图 6-4 所示。

图 6-4 反向工程操作(3)

4. 反向生成资源文件

在 Web 工程中集成好 Hibernate 组件且配置好从 MyEclipse 开发工具到数据库的连接后即可进行 Hibernate 框架的反向工程操作,实现从数据存储层到程序应用层的资源反向获取操作。

在数据库视图 "DB Browser"窗口右击步骤(2)中所创建的数据库连接 "orm_hibernate",在弹出菜单中选择 "Open Connection"项,打开从 MyEclipse 到数据库的连接。在打开的数据库连接中找到在步骤(1)中通过 "post.sql" 脚本所创建的逻辑数据库 "orm",在其内部的 TABLE 节点可查看此逻辑数据库中的所有数据表。找到之前所创建的 "send"和 "receive"表,同时选中并右击,可跳出一个操作菜单,选择 "Hibernate Reverse Engineering"项,表示进行 Hibernate 的反向工程操作,如图 6-5所示。

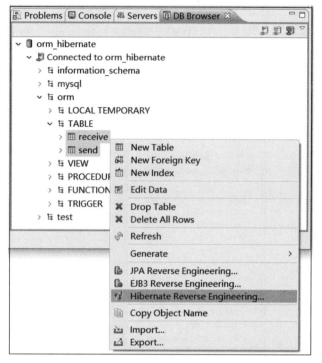

图 6-5　反向工程操作（4）

　　在接下来所跳出的反向工程操作窗体中，"Java src folder"参数选择工程的 src 源码目录，"Java package"参数选择在步骤（3）中所创建的"com.sh.dao"模块包，"Create POJO<>DB Table mapping information"参数为实体类映射文件资源配置，"Java Data Object(POJO<>DB Table)"参数为模型实体类资源文件资源配置，"Java Data Access Object(DAO)"参数为数据表操作 DAO 类文件资源配置，以上各项参数配置如图 6-6 所示。

　　各项参数配置完成后，点出"Finish"按钮即可反向生成数据存储层对应的应用层资源，如图 6-7 所示。可以看到，原"com.sh.dao"模块包下生成了各类资源，其中 Receive.hbm.xml、Send.hbm.xml 为实体类与存储层数据表的映射文件，Receive.java、Send.java 为与存储层数据表相对应的模型实体类文件，ReceiveDAO.java、SendDAO.java 为数据表的操作 DAO 类文件。以上所有资源可直接在项目工程中直接使用，若 DAO 操作类文件中没有事务语句，则需添加上相关的 Hibernate 事务编码，才能真正生效，这是 Hibernate 框架反向工程中一个不完善的地方。

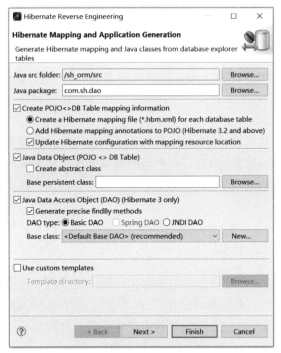

图 6-6　反向工程操作（5）

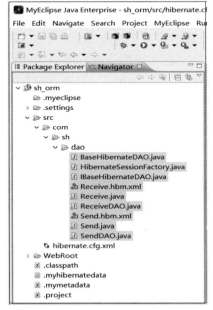

图 6-7　反向工程操作（6）

6.2 HQL 应用语言

HQL（Hibernate Query Language），顾名思义是一种 Hiberate 框架中专用的查询检索语言，其可以弥补 Hiberate 框架中 Session 组件 API 操作接口过于单一、灵活度不足的问题。

HQL 是一种面向对象的操作语言，通过该语言使开发人员能够以面向对象的思维操作关系型数据表，同时 HQL 语言是一种与底层数据库类型无关的语言，其所开发出来的查询检索代码可以在不同的关系数据库平台间无障碍移植，比 JDBC 语言更加灵活，通用性更强。

6.2.1 HQL 语言基础

HQL 语言是 Hibernate 框架的专用数据库检索语言，与关系数据结构化查询语言的 SQL 语句在形态及语法上非常类似，但也有本质上的区别。JDBC 体现了 SQL 语句在 Java 语言中的应用，HQL 则是使用专用的解释引擎在不同的数据库平台上生成不同数据库类型的 SQL 语句，以实现与关系数据库平台相解耦。

HQL 语言是通过 Query 接口来实现对 HQL 语句的传递、转换等操作，类似于 JDBC 的 Statement 接口。使用 HQL 语言进行数据检索操作时，首先，要得到 Hibernate 框架的 Session 实例，即先获取数据库连接；第二，是要开启 Hibernate 框架事务，以保证操作的完整性；第三，要定义好查询检索的 HQL 语句；第四，需要通过 Session 实例与定义好的 HQL 语句得到 Query 接口；第五，通过 Query 接口执行对应的 HQL 操作，得到最终数据结果；最后，要提交 Hibernate 框架事务，结束整个查询检索操作。

Query 实例是通过 Session 接口下的 createQuery 函数来取得，在参数中需传入 HQL 语句，实例获取语法如下：

```
Session实例.createQuery(HQL语句)
```

Query 接口中用于执行 HQL 语句的主要函数有 uniqResult、list 和 executeUpdate，其中 uniqResult、list 函数用于读操作中，executeUpdate 函数用于写操作中。

1. uniqResult 函数

uniqResult 函数用于返回对数据表的查询检索数据，但只能返回单条数据，不支持多条数据，如果返回的结果集中有多条数据将抛出异常，该函数可把返回数据集直接封装成数据模型实体类的实例。

2. list 函数

list 函数用于返回对数据表的查询检索数据，支持返回多条数据，该函数所返回数据集以 List 集合数据的形式存在，需要对 List 集合中的数据通过循环遍历的方式取出，在操作上比 uniqResult 函数会更加烦琐。

3. executeUpdate 函数

executeUpdate 函数用于 HQL 语句为写操作类型的语句执行，该函数执行后将返回本次操作所触动的数据表的记录数。根据返回值可以判断本次操作是否成功，如果返回值为 0，表示此次操作对关系数据表没有任何影响，即本次操作不成功；如果返回值大于或等于 1，则表示本次操作影响了关系数据表，可以判断本次操作是成功的。

6.2.2 HQL 语言结构

HQL 语句是面向对象的操作语句，具备面向对象的相应特征。在 Java 应用程序中除特定部分外，都是不区分大小写的，只有在表述数据模型的实体类名称及相关属性名称时，才需要区分大小写。

HQL 语句结构跟 SQL 语句非常类似，最前面为所需要检索的数据项，其后紧跟数据项所在的数据实体类，最后是各类数据返回参数条件，每个结构组成部分均由特定的子句引领。

HQL 语句的结构：

查询检索属性 + 模型实体名称 + 数据筛选条件 + 分组属性 + 排序属性 + 分页参数

HQL 语言中常见的子句包括 select、from、where、having、group by、order by 等，不同的子句在 HQL 中的功能作用及重要程度不相同，部分子句为必选子句，部分子句为可选子句。

1. select 子句

select 子句是检索数据项的操作子句。select 子句后可列出多个需要检索的数据项，每个数据项之间用英文状态下的逗号分隔开，在 HQL 语句中，数据项以数据模型实体类属性名称的形式出现，不是关系数据表的字段名称。select 子句为 HQL 语句中的可选子句，如果没有列出 select 子句则表示所有的数据项均检索出来。

HQL 语句案例：

```
（1）select userName,userAge,userAddress from User
```

检索出 userName、userAge、userAddress 三个属性对应的数据项，属性名称区分大小写。

```
（2）from Order
```

select 子句被省略时，表示检索出 Order 类所对应数据表的全部字段。

2. from 子句

from 子句指定数据检索的对象，指明从哪个实体中检索出相关的数据项。from 子句后列出与关系数据表相对应的模型实体类的名称，可以为模型实体类定义出相应的别名，在 select 子句后列出对应的数据项时用别名去引导，还可以单用别名表示所有实体类的所有属性。from 子句为 HQL 语句中的必选子句，不能省略。

HQL 语句案例：

```
（1）select m.name,m.work,m.salary from Man m
```

检索出 name、work、salary 三个属性对应的数据项，Man 为实体类的名称，不是关系数据表，区分大小写，m 为 Man 实体类的别名。

```
（2）select c from Country c
```

检索出 Country 实体类所对应用关系数据表的全部字段，select 子句后面别名 c 表示 Country 实体类的所有属性。

3. where 子句

where 子句设定数据检索的筛选条件。where 子句后列出作为筛选条件的数据实体类的相关属性及条件值，可设定多个筛选条件，每个条件之间可用 and 或 or 关系进行连接。where 子句为 HQL 语句中的可选子句，可根据实际需要使用，省略时表示检索语句中不设定筛选条件。

HQL 语句案例：

```
select a.code,a.name,a.population from Area a where a.code
in('005','008','010') and a.population > 10000000
```

从 Area 实体类所对应的关系数据表中检索出 code、name、population 三个属性对应的数据项，所返回的数据必须满足 code 属性值为（'005'，'008'，'010'）并且 population 属性值大于 10000000。

4. having 子句

having 子句设定数据检索的筛选条件。having 子句后列出作为筛选条件的数据实体类的相关属性及条件值，可设定多个筛选条件，每个条件之间可用 and 或 or 关系进行连接。having 子句为 HQL 语句中的可选子句。

同为条件筛选子句，having 与 where 子句有本质的区别，where 子句针对的是实体类中真实存在属性设定筛选条件，having 子句针对所检索的数据项进行条件筛选。

HQL 语句案例：

```
select c.sn,c.product_factory as brand,c.money_pay as price from
Computer c having price>5000 and brand='HP'
```

从 Computer 实体类所对应的关系数据表中检索出 sn、brand、price 三个数据项，所返回的数据必须满足 price 大于 5000 并且 brand 为"HP"，此处 having 子句不能被 where 子句替代，因为 brand、price 两个数据项不是 Computer 实体类中真实存在的属性，只是 product_factory、money_pay 两属性所对应的别名。

5. group by 子句

group by 子句设定数据检索统计的分组维度。group by 子句后列出作为分组维度的数据实体类的相关属性，可设定多个分组维度，每个维度属性之间用英文状态下的逗号隔开。group by 子句为 HQL 语句中的可选子句。

group by 子句与 where 子句同时在 HQL 语句中出现时，group by 子句必须位于 where 子句的后面，否则语法编译将不能通过。

HQL 语句案例：

```
select c.brand,avg(c.year) as avg_year from Car c where c.mile>100000
group by brand
```

从 Car 实体类所对应的关系数据表中按品牌 brand 维度分组，检索出品牌 brand、平均年限 avg_year 两个数据项（即每个品牌的平均年限），所参与统计的数据必须满足里程数 mile 大于 100000，此处 group by 子句必须位于 where 子句后面。

6. order by 子句

order by 子句设定查询检索所返回数据排序的条件。order by 子句后列出作为排序条件的数据实体类的相关属性，可设定多个排序属性，每个排序属性之间用英文状态下的逗号隔开，在排序设置中 asc 表示升序排列，desc 表示降序排序。order by 子句为 HQL 语句中的可选子句。

HQL 语句案例：

```
select s.class,s.math,s.history,s.music from Score s where s.class
in('A01','A02','B01','B02') order by s.math,s.history,s.music desc
```

从 Score 实体类所对应的关系数据表中检索出 class、math、history、music 四个数据项，所返回的数据必须满足实体类属性 class 值为('A01','A02','B01','B02')，所返回的数据按实体类属性 math 为第 1 维度，实体类属性 history 为第 2 维度，实体类属性 music 为第 3 维度降序的方式排列。

6.2.3 HQL 语言聚合函数

聚合函数是每种数据库查询检索语言的重要组成部分，HQL 语言中有众多的聚合函数可供用户在操作关系数据库时直接使用，在进行汇总、统计平均数、最大值、最小值、随机值、获取系统时间、处理字符信息等方面有重要作用。

1. sum 聚合函数

sum 聚合函数统计数据项的总和。sum 函数的参数为需要统计的数据实体属性，将对同一维度本属性所对应的数据项所有值求和。

HQL 语句案例：

```
（1）select sum(a.amount) as total from Account a
```

从 Account 实体类所对应的关系数据表中统计出 amount 属性对应的数据项的总和，执行此语句后将对整个数据表中 amount 属性所对应的表字段的整个列求和。

```
（2）select c.town,sum(c.population) as town_population from City c group by c.town
```

对 City 实体类所对应的关系数据表按 town 属性进分组，统计出每个组下的属性 population 的总和值。

2. avg 聚合函数

avg 聚合函数统计数据项的平均值。avg 函数的参数为需要统计的数据实体属性，将对同一维度本属性所对应的数据项所有值求平均数。

HQL 语句案例：

```
（1）select avg(c.value) as avg_value from Card c
```

从 Card 实体类所对应的关系数据表中统计出 value 属性对应的数据项的平均值，执行此语句后将对整个数据表中 value 属性所对应的表字段的整个列求平均数。

```
（2）select e.deparyment,avg(e.salary) as vag_salary from Employee e group by e.department
```

对 Employee 实体类所对应的关系数据表按 department 属性进分组，统计出每个组下的属性 salary 的平均值。

3. count 聚合函数

count 聚合函数统计数据项的个数值。count 函数的参数为需要统计的数据实体属性，将对同一维度本属性所对应的数据项不为 Null 的个数（即记录的条数），当参数为"*"时表示统计任意一个数据项不为 Null 的记录数。

HQL 语句案例：

```
（1）select count(s.sn) as stu_amount from Student s
```

从 Student 实体类所对应的关系数据表中统计出 sn 属性对应的数据项的个数，执行此语句后将对整个数据表统计 sn 属性所对应的表字段不为 Null 的记录数量。

```
（2）select c.class,count(*) as course_amount from Course c group by
c.class
```

对 Course 实体类所对应的关系数据表按 class 属性进分组，统计出每个分组下的任一属性不为 Null 的记录数量。

4. max 聚合函数

max 聚合函数统计数据项的最大值。max 函数的参数为需要统计的数据实体属性，将对同一维度本属性所对应的数据项所有值求出最大值。

HQL 语句案例：

```
select max(n.point) as max_point from News n
```

从 News 实体类所对应的关系数据表中统计出 point 属性对应的数据项的最大值，执行此语句后将对整个数据表中 point 属性所对应的表字段的整个列求最大值。

5. min 聚合函数

min 聚合函数统计数据项的最小值。min 函数的参数为需要统计的数据实体属性，将对同一维度本属性所对应的数据项所有值求出最小值。

HQL 语句案例：

```
select min(p.prizeValue) as min_prizeValue from Prize p
```

从 Prize 实体类所对应的关系数据表中统计出 prizeValue 属性对应的数据项的最小值，执行此语句后将对整个数据表中 prizeValue 属性所对应的表字段的整个列求最小值。

6.2.4 HQL 数据操作

HQL 语言的数据操作包括读操作与写操作两种类型，两种类型的数据操作均需要通过 Query 接口下的 API 函数来实现。HQL 语言的数据操作过程与通过 Session 接口的 API 函数操作关系库的步骤非常类似，只是实现细节与实现组件上有所区别。

1. HQL 读操作

HQL 读操作可以实现比 Session 接口更加灵活、复杂的各类型数据检索，如单表检索操作、多表连接操作、条件检索操作、聚合函数复合检索操作等。除此之外，HQL 还能实现类似 SQL 语言的数据分页操作，特别适合于 Web 前端的数据分页展示。

1）数据查询检索操作

查询检索操作需要用 Query 接口中的 uniqueResult 及 list 函数，如下面 DemoDAO.java 类文件中 queryDemo1 方法通过 uniqueResult 函数实现对 Order 实体类所对应的关系数据表的单条数据直接检索，返回的数据能直接封装成 Orde 实体类对象，该对象能直接在应用程序中使用。类文件的 queryDemo2 方法通过 list 函数实现对 Order 实体类所对应的关系数据表的多条数据检索，所返回的数据集封装在集合 List 对象中，需要对该集合对象循环遍历方能取出相关的数据对象。

DemoDAO.java：

```java
public class DemoDAO extends BaseHibernateDAO{
    //单条数据返回检索
    public void queryDemo1(){
        Session session = super.getSession();
        String hql = "select o from Order o " +
                "where o.orderId='V_002'";
        Query query = session.createQuery(hql);
        Order o = (Order)query.uniqueResult();
        System.out.println(o.getOrderId()+"\t"+
          o.getUserId()+"\t"+o.getOrderTime()+"\t"+
          o.getCommodity()+"\t"+o.getPay());
        session.close();
    }

    //多条数据返回检索
    public void queryDemo2(){
        Session session = super.getSession();
```

```
        String hql = "select o from Order o";
        Query query = session.createQuery(hql);
        List list = query.list();
        for (int i = 0; i < list.size(); i++) {
            Order o = (Order)list.get(i);
            System.out.println(o.getOrderId()+"\t"+
                o.getUserId()+"\t"+o.getOrderTime()+"\t"+
                o.getCommodity()+"\t"+o.getPay());
        }
        session.close();
    }
}
```

2）动态参数赋值

动态参数赋值（即动态赋参）是指 HQL 语句结构中的条件参数是通过动态的方式来确定，而不是直接在 HQL 语句中给出具体值。动态赋参能够增加 HQL 语句的灵活性，满足更加复杂业务的数据处理需求。

在 Query 接口中提供了 setString、setInteger、setFloat、setDouble 等函数来实现动态赋参功能，开发人员可以根据参数的数据类型选择对应的赋值函数去设定 HQL 语句中的参数值。

动态赋参的方式：

（1）位置赋参：

① 在 HQL 语句中通过位置顺序来确定参数；

② 位置从 0 开始排序；

③ 参数以"？"的形式表示。

（2）名称赋参：

① 在 HQL 语句中通过名称来确定参数；

② 参数格式："："+参数名称。

在以下的 DemoParamater.java 类文件中，paramaterDemo1 方法使用位置动态赋参的方式设定 HQL 语句参数值，paramaterDemo2 方法使用名称动态赋参的方式设定 HQL 语句参数值。无论哪种方法，由于 HQL 语句中只列出 Order 实体类的部分属性，故所返回的数据不直接转化 Order 实体对象，只能转为 Object[]类型实例，最后以数组元素的形式从 Object[]中取出相关的数据项。

DemoParamater.java：

```java
public class DemoParamater extends BaseHibernateDAO{
    //位置动态赋参
    public void paramaterDemo1(){
        Session session = super.getSession();
        String hql = "select o.orderId,o.commodity " +
                "from Order o where o.userId=? and o.pay>?";
        Query query = session.createQuery(hql);
        query.setString(0, "U_100");
        query.setInteger(1, 3000);
        List list = query.list();
        for (int i = 0; i < list.size(); i++) {
            Object[] obj = (Object[])list.get(i);
            System.out.println(obj[0]+"\t"+obj[1]);
        }
        session.close();
    }

    //名称动态赋参
    public void paramaterDemo2(){
        Session session = super.getSession();
        String hql = "select o.orderId,o.userId,o.pay " +
                "from Order o where o.commodity=:paramaterName";
        Query query = session.createQuery(hql);
        query.setString("paramaterName", "IPhone");
        List list = query.list();
        for (int i = 0; i < list.size(); i++) {
            Object[] obj = (Object[])list.get(i);
            System.out.println(obj[0]+"\t"+obj[1]+"\t"+obj[2]);
        }
        session.close();
    }
}
```

3）数据分页操作

数据分页是指对查询操作所检索到符合条件的数据集，按一定的维度进行数据分组，每一组数据为一页，每次只对客户端响应一页的数据。根据数据查询检索范围较大时，分页返回数据是一种非常有用且灵活的数据处理方式。

数据分页是 HQL 语言中一个非常重要的功能，HQL 分页编码实现可以应用于多种不同的关系数据库平台，具有非常广泛的适用性与兼容性。Query 接口中为数据分页提供了相应的 API 函数，其编码实现非常简单、方便。

分页 API 函数：

（1）setFirstResult(int n)：

① 函数设定分页数据的起始位置；

② 参数为数据检索的前置点，实际上是从（n+1）的位置开始返回数据。

（2）setMaxResults(int max)：

① 函数设定本页的数据最大值；

② 参数为数据检索的最大条数。

以下 DemoPage.java 类文件的 pageData 方法实现了数据分页的相关操作，通过 setFirstResult(100)方法设置数据分页的前置点为 100，通过 setMaxResults(50)方法设定本页的数据条数最大为 50 条，即在符合本次查询检索条件的数据集中，取出位置为第 101 至 150 的数据。

DemoPage.java：

```java
public class DemoPage extends BaseHibernateDAO{
    //数据分页操作
    public void pageData(){
        Session session = super.getSession();
        String hql = "select o from Order o";
        Query query = session.createQuery(hql);
        query.setFirstResult(100);
        query.setMaxResults(50);
        List list = query.list();
        for (int i = 0; i < list.size(); i++) {
            Order o = (Order)list.get(i);
            System.out.println(o.getOrderId()+"\t"+
                o.getUserId()+"\t"+o.getOrderTime()+"\t"+
                o.getCommodity()+"\t"+o.getPay());
```

```
        }
        session.close();
    }
}
```

2. HQL 写操作

写操作包括对数据实体的增加、更新、删除三种类型的操作，但 HQL 语言中没有插入语句，即没有增加数据实体的功能，只能实现对数据实体的更新与删除两种操作，如果要求插入数据记录只能使用 Session 接口下的 save 函数实现。

HQL 语言能够实现比直接使用 Session 接口 API 更加高效的数据实体写操作，如批量更新、批量删除等。Query 接口中提供了 executeUpdate 函数用于写操作的执行，另外在 HQL 写操作中一定要先开启 Hibernate 框架事务，否则语句不会真正发送到关系数据库中执行。

1）更新操作

HQL 更新操作语句跟 SQL 语言非常类似，在结构及语法上也有极高的相似度，不同的地方是 HQL 语句面向是数据模型实体，而 SQL 语句是直接面向关系数据表。以下的 UpdateDemo.java 类文件中，hqlUpdate 方法实现了更新操作功能，通过 Query 接口的 executeUpdate 函数执行更新语句，执行后返回本次操作影响了关系表中的多少行数据。

UpdateDemo.java：

```
public class UpdateDemo extends BaseHibernateDAO{
    // HQL更新操作
    public void hqlUpdate() {
        Session session = super.getSession();
        Transaction tran = session.beginTransaction();
        String hql = "update Order o set o.pay=? " +
                "where o.orderId=?";
        Query query = session.createQuery(hql);
        query.setInteger(0, 1000);
        query.setString(1, "V_003");
        int rows = query.executeUpdate();
        if (rows >= 1) {
            System.out.println("更新操作成功！");
```

```
        } else {
            System.out.println("更新操作失败! ");
        }
        tran.commit();
        session.close();
    }
}
```

2）删除操作

HQL 删除操作不需要经过 Session 接口缓存，而是直接发送到关系数据库服务器上执行，操作上要特别小心，以避免错误操作，同样在删除操作过程中必需开启事务，否则语句执行后也不会生效。以下的 DeleteDemo.java 类文件中，hqlDelete 方法实现了删除操作功能，通过 Query 接口的 executeUpdate 函数执行删除语句，执行后返回本次操作影响了关系表中的多少行数据。

DeleteDemo.java：

```
public class DeleteDemo extends BaseHibernateDAO{
    // HQL删除操作
    public void hqlDelete() {
        Session session = super.getSession();
        Transaction tran = session.beginTransaction();
        String hql = "delete from Order o where o.orderId=?";
        Query query = session.createQuery(hql);
        query.setString(0, "V_003");
        int rows = query.executeUpdate();
        if (rows >= 1) {
            System.out.println("删除操作成功! ");
        } else {
            System.out.println("删除操作失败! ");
        }
        tran.commit();
        session.close();
    }
}
```

6.3 关联映射

对象关系映射 ORM（Object Relation Mapping），是一种数据持久化技术，通过映射原理实现关系数据表与 Java 应用程序中数据实体类的桥接，在编码开发过程中对关系数据表的操作转化为对数据模型实体类的操作。

对象关系映射技术通过应用程序数据实体类关联关系数据表，数据实体类属性关联数据表字段，数据实体类对象关联数据表的记录相对应来完成应用程序与关系数据库之间的桥接转换。

在 Java EE 领域 ORM 有众多的实现方式，Hibernate 框架只是众多集成框架下的一种实现方式，也是一种较为简单、高效、灵活的持久化实现过程，广泛使用于应用程序持久层的编码中。

6.3.1 一对一关联映射

在 Hibernate 框架的 ORM 实现中，一对一关联映射是指数据实体之间的定性关联表现为 1：1，即不同数据实体间是一一对应关系。在现实生活中，如每一个学生在学校均有唯一的学籍档案，每份学籍档案都归属某个特定的学生，这就是不同事物之间最基本的一对一关联映射关系。

关系映射规则需要在专门的描述文件中配置，Hibernate 框架使用一种后缀为 hbm.xml 文件来声明实体之间的关系。声明实体间一对一的关联映射需要不同实体间相互引入对方属性，同时需要在 hbm.xml 文件中使用<one-to-one>的标签节点来声明。

在以下的 Student.java 与 Archives.java 类文件中，相互引入对方属性，在实体映射文件 Student.hbm.xml 与 Archives.hbm.xml 中通过<one-to-one> 标签节点声明映射关联字段，则 Student 实体与 Archives 实体建立起一对一的关联映射关系。当检索 Student 实体的相关数据时，会把 Archives 实体中对应的数据也一并检索出来。

Student.java:

```
package com.orm;
public class Student {
    private String studentName;
    private int age;
    private String address;
    //一对一关联属性archives
```

```
        private Archives archives;

        public String getStudentName() {
            return studentName;
        }
        public void setStudentName(String studentName) {
            this.studentName = studentName;
        }
        public int getAge() {
            return age;
        }
        public void setAge(int age) {
            this.age = age;
        }
        public String getAddress() {
            return address;
        }
        public void setAddress(String address) {
            this.address = address;
        }
        public Archives getArchives() {
            return archives;
        }
        public void setArchives(Archives archives) {
            this.archives = archives;
        }
    }
}
```

Archives.java：

```
package com.orm;
public class Archives {
    private String sn;
    private String school;
    private String schoolRank;
```

```
    //一对一关联属性student
    private Student student;

    public String getSn() {
        return sn;
    }
    public void setSn(String sn) {
        this.sn = sn;
    }
    public String getSchool() {
        return school;
    }
    public void setSchool(String school) {
        this.school = school;
    }
    public String getSchoolRank() {
        return schoolRank;
    }
    public void setSchoolRank(String schoolRank) {
        this.schoolRank = schoolRank;
    }
    public Student getStudent() {
        return student;
    }
    public void setStudent(Student student) {
        this.student = student;
    }
}
```

Student.hbm.xml：

```
<hibernate-mapping>
<class name="com.orm.Student" table="t_student" catalog="orm">
    <id name="studentName">
        <generator class="assigned" />
```

```
    </id>
    <property name="age" />
    <property name="address" />
    <one-to-one name="archives" />
</class>
</hibernate-mapping>
```

Archives.hbm.xml：

```
<hibernate-mapping>
<class name="com.orm.Archives" table="t_archives" catalog="orm">
    <id name="sn">
        <generator class="assigned" />
    </id>
    <property name="school" />
    <property name="schoolRank" />
    <one-to-one name="student" />
</class>
</hibernate-mapping>
```

6.3.2 一对多关联映射

一对多关联映射关系是不同数据实体间表现为 $1:n$ 的关系，在现实生活中，如一个团队中有多个队员，但每个队员只能归属于一个团队，就是一对多关联关系。

声明实体间一对多的关联映射关系需要在一方的实体中引入集合 Set 属性，用于存储所关联的多方对象，同时在多方的实体中需要引入一方属性作为关联属性，同时需要在 hbm.xml 文件中使用<set>及<many-to-one>的标签节点来声明相关映射关系。

在以下的 Team.java 与 Member.java 类文件中，作为一方的 Team 实体类中引入 Set 类型属性，用于存储多方实例对象，作为多方的 Member 实体类中引入 Team 类型属性，用于关联一方实例对象。

Team.java：

```
package com.orm;
import java.util.Set;
public class Team {
    private String teamId;
```

```
        private String teamName;
        //一方对多方关联属性members
        private Set members;

        public String getTeamId() {
            return teamId;
        }
        public void setTeamId(String teamId) {
            this.teamId = teamId;
        }
        public String getTeamName() {
            return teamName;
        }
        public void setTeamName(String teamName) {
            this.teamName = teamName;
        }
        public Set getMembers() {
            return members;
        }
        public void setMembers(Set members) {
            this.members = members;
        }
    }
}
```

在一方的实体映射文件 Team.hbm.xml 中通过<set> 标签节点声明 Team 实体类的关联属性 members，同时声明数据表的关联外键为 team_id，并设定多方为 Member 实体类。

Member.java：

```
package com.orm;
public class Member {
    private String memberId;
    private String memberName;
    //多方对一方关联属性team
    private Team team;
```

```
    public String getMemberId() {
        return memberId;
    }
    public void setMemberId(String memberId) {
        this.memberId = memberId;
    }
    public String getMemberName() {
        return memberName;
    }
    public void setMemberName(String memberName) {
        this.memberName = memberName;
    }
    public Team getTeam() {
        return team;
    }
    public void setTeam(Team team) {
        this.team = team;
    }
}
```

在多方的实体映射文件 Member.hbm.xml 中通过<many-to-one> 标签节点声明一方的 Team 实体类，并指明一方数据表的关联外键为 team_id。

Team.hbm.xml：

```
<hibernate-mapping>
    <class name="com.orm.Team" table="t_team" catalog="orm">
        <id name="teamId" type="java.lang.String">
            <column name="team_id" />
            <generator class="assigned" />
        </id>
        <property name="teamName" type="java.lang.String">
            <column name="team_name" length="50"/>
        </property>
        <set name="members" inverse="true">
            <key>
```

```
            <column name="team_id" />
        </key>
        <one-to-many class="com.orm.Member" />
    </set>
</class>
</hibernate-mapping>
```

Member.hbm.xml：

```
<hibernate-mapping>
    <class name="com.orm.Member" table="t_member" catalog="orm">
        <id name="memberId" type="java.lang.String">
            <column name="member_id" />
            <generator class="identity" />
        </id>
        <property name="memberName" type="java.lang.String">
            <column name="member_name" length="50" />
        </property>
        <many-to-one name="team" class="com.orm.Team" fetch= "select">
            <column name="team_id" not-null="true" />
        </many-to-one>
    </class>
</hibernate-mapping>
```

6.3.3　多对多关联映射

多对多关联映射是最为复杂的关联映射关系，不同数据实体之间表现为 $m:n$ 的关系，在现实生活中，如公司与求职者的关系，一个公司可以面试很多的求职者，同样一个求职者可以向很多公司申请职位，这就是多对多关联关系。

在处理多对多的关系映射关系时，需要在不同数据实体间引入中间实体，把两个多对多的数据实体，转化中间实体与两个数据实体的一对多关联映射关系，以映射关系的降级。

在图 6-8 中，实体 A 与实体 B 为多对多关联映射关系，在两个实体之间通过桥接的方式引入一个中间实体，在中间实体定义实体 A 与实体 B 的主键属性作为本实体的属性（aid,bid），同时也作为中间实体的联合主键属性，通过此两个属性与实体 A、实体 B 之间作外键关联，这样实体 A 与中间实体之间、实体 B 与中间实体之间就形成了新的一对关联关系，原实体 A 与实体 B 之间的多对多关联关系就转化为实体 A 与中间实体、实体 B 与中间实体之间的两个一对多关联关系。

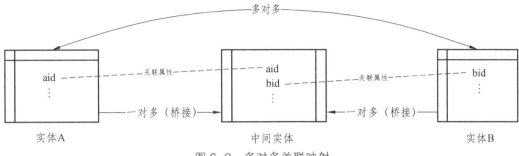

图 6-8 多对多关联映射

在实际应用中，中间实体也叫桥接实体，主要体现两个多对多实体之间的业务关系数据。如公司实体与求职者实体是一种多对多的关联关系，则中间实体则体现了公司跟求职者的业务关系，记录了公司面试了哪些求职者，相关求职者曾经到了哪些公司的面试经历。

6.4 应用项目开发

HQL 语言在 Hibernate 框架中有着非常广泛的应用，在后端多表关联检索、数据分页、汇总统计、业务批处理、数据运维等场景中使用频率非常高，其高效灵活的开发方式更是独树一帜，成为众多开发者的首选。

6.4.1 应用项目描述

有商场（Supermarket）与顾客（Customer）两个实体，任一商场中每天有不同的顾客前来购物，任一顾客可以前往不同的商场购物。请设计出相关数据实体及表环境，并初始化相关业务数据，按以下要求完成相关业务检索统计。

（1）统计出成立时间为 2015 年 1 月 1 日后的中型、大型商场有哪些。

（2）统计出年龄为 30 ~ 45 岁，在 2018 年 1 月 1 日后，顾客到商场的消费记录。

（3）统计出各类型商场（小型、中型、大型）的营业总额。

（4）统计出曾多次到同一商场购物的顾客有哪些。

6.4.2 编码开发

本项目的开发实现采用 Hibernate 框架反向工程操作的方式，先从数据库设计及表环境创建开始，进而得到应用程序持久化层的基本结构及相关资源，最后在 DAO 模块类中用 HQL 语言实现相关功能需求。

1. 数据库设计及表环境集成

1）数据库设计

商场实体（Supermarket）与顾客实体（Customer）为多对多关联关系，需引入中间桥接实体（CustomerSupermarket）作为业务实体，把多对多关系转化为一对多关系。

数据表结构：

（1）顾客（customer）：

顾客标识：cidint int 主键；

顾客姓名：customer_name varchar(45)；

顾客性别：customer_sex char(2)；

顾客年龄：customer_age int；

顾客学历：customer_education varchar(45)；

顾客职业：customer_work varchar(45)；

顾客工资：customer_salary int；

顾客地址：customer_address varchar(45)。

（2）商场（supermarket）：

商场标识：sid int 主键；

商场名称：supermarket_name varchar(45)；

商场规模：supermarket_scale varchar(45)；

商场地址：address varchar(45)；

商场开张日期：create_date varchar(45)。

（3）桥接表（customer_supermarket）：

顾客标识：cid int 主键字段；

商场标识：sid int 主键字段；

购物时间：shopping_time datetime；

购物总额：shopping_pay int；

是否 VIP：is_vip char(1)。

2）数据库环境实施

数据库环境的实施包括数据表结构创建及数据表的业务数据初始化，以下的 shopping.sql 脚本同时具备表结构创建与数据初始化两部分功能，直接将文件脚本在

MySQL 环境中执行即创建数据库表环境，创建成功后将得到三张数据表，如图 6-9、图 6-10、图 6-11 所示。

⚷ cid	customer_name	customer_sex	customer_age	customer_education	customer_work	customer_salary	customer_address
300101	赵小清	女	23	大专	文秘	3000	光明路18号
300102	刘志明	男	30	本科	教师	5000	华盛大道35号
300103	王伍丽	女	28	大专	护士	3500	文明路03号
300104	张华方	女	32	研究生	工程师	6500	创新大道335号
300105	陈星平	男	25	本科	记者	4800	文化大道130号
300106	廖军鹏	男	40	博士	医生	8000	建国路39号
300107	苗芳秀	女	26	本科	工程师	4000	光复路220号
300108	徐燕红	女	44	研究生	教师	7000	解放大道52号

图 6-9　顾客数据表（customer）

⚷ sid	supermarket_name	supermarket_scale	address	create_date
5000131	百佳超市	大型	星光大道338号	2015-05-06
5000132	华润万佳	大型	沿江路26号	2010-08-02
5000133	广晟百货	中型	中山大道58号	2018-10-15
5000134	港湾超市	小型	红星路303号	2013-07-10
5000135	联华超市	中型	新华路05号	2020-06-08

图 6-10　商场数据表（supermarket）

⚷ cid	⚷ sid	⚷ shopping_time	shopping_pay	is_vip
300101	5000131	2016-07-09 12:30:00	500	Y
300101	5000131	2017-09-09 18:30:00	600	N
300101	5000135	2021-03-11 13:30:00	520	N
300102	5000132	2013-01-10 12:30:00	800	Y
300102	5000132	2019-11-20 15:30:00	350	N
300103	5000134	2014-12-19 11:30:00	200	N
300104	5000133	2020-09-18 16:30:00	300	N
300105	5000131	2020-03-02 14:30:00	750	Y
300105	5000133	2021-04-09 14:30:00	700	Y
300106	5000134	2020-03-11 17:30:00	640	Y
300107	5000132	2018-04-25 10:30:00	280	N
300108	5000134	2021-06-21 15:20:00	360	N
300108	5000135	2020-11-11 19:30:00	400	N

图 6-11　桥接数据表（customer_supermarket）

shopping.sql：

```
CREATE DATABASE IF NOT EXISTS shop;

USE shop;


DROP TABLE IF EXISTS customer;
```

```
CREATE TABLE customer (
  cid int(10) unsigned NOT NULL,
  customer_name varchar(45) NOT NULL,
  customer_sex char(2) NOT NULL,
  customer_age int(11) NOT NULL,
  customer_education varchar(45) NOT NULL,
  customer_work varchar(45) NOT NULL,
  customer_salary int(11) NOT NULL,
  customer_address varchar(45) NOT NULL,
  PRIMARY KEY (cid)
) ENGINE=InnoDB DEFAULT CHARSET=utf8;


INSERT INTO customer (cid,customer_name,customer_sex,customer_age,
customer_education,customer_work,customer_salary,customer_address) VALUES
  (300101,'赵小清','女',23,'大专','文秘',3000,'光明路18号'),
  (300102,'刘志明','男',30,'本科','教师',5000,'华盛大道35号'),
  (300103,'王伍丽','女',28,'大专','护士',3500,'文明路03号'),
  (300104,'张华方','女',32,'研究生','工程师',6500,'创新大道335号'),
  (300105,'陈星平','男',25,'本科','记者',4800,'文化大道130号'),
  (300106,'廖军鹏','男',40,'博士','医生',8000,'建国路39号'),
  (300107,'苗芳秀','女',26,'本科','工程师',4000,'光复路220号'),
  (300108,'徐燕红','女',44,'研究生','教师',7000,'解放大道52号');

DROP TABLE IF EXISTS supermarket;
CREATE TABLE supermarket (
  sid int(10) unsigned NOT NULL,
  supermarket_name varchar(45) NOT NULL,
  supermarket_scale varchar(45) NOT NULL,
  address varchar(45) NOT NULL,
  create_date varchar(45) NOT NULL,
  PRIMARY KEY (sid)
) ENGINE=InnoDB DEFAULT CHARSET=utf8;
```

```
    INSERT INTO supermarket (sid,supermarket_name,supermarket_scale,
address,create_date) VALUES
    (5000131,'百佳超市','大型','星光大道338号','2015-05-06'),
    (5000132,'华润万佳','大型','沿江路26号','2010-08-02'),
    (5000133,'广晟百货','中型','中山大道58号','2018-10-15'),
    (5000134,'港湾超市','小型','红星路303号','2013-07-10'),
    (5000135,'联华超市','中型','新华路05号','2020-06-08');


    DROP TABLE IF EXISTS customer_supermarket;
    CREATE TABLE customer_supermarket (
      cid int(10) unsigned NOT NULL,
      sid int(10) unsigned NOT NULL,
      shopping_time datetime NOT NULL,
      shopping_pay int(10) unsigned NOT NULL,
      is_vip char(1) NOT NULL,
      PRIMARY KEY  USING BTREE (cid,sid,shopping_time)
    ) ENGINE=InnoDB DEFAULT CHARSET=utf8;


    INSERT INTO customer_supermarket (cid,sid,shopping_time, shopping_
pay,is_vip) VALUES
    (300101,5000131,'2016-07-09 12:30:00',500,'Y'),
    (300101,5000131,'2017-09-09 18:30:00',600,'N'),
    (300101,5000135,'2021-03-11 13:30:00',520,'N'),
    (300102,5000132,'2019-11-20 15:30:00',350,'N'),
    (300102,5000132,'2013-01-10 12:30:00',800,'Y'),
    (300103,5000134,'2014-12-19 11:30:00',200,'N'),
    (300104,5000133,'2020-09-18 16:30:00',300,'N'),
    (300105,5000131,'2020-03-02 14:30:00',750,'Y'),
    (300105,5000133,'2021-04-09 14:30:00',700,'Y'),
    (300106,5000134,'2020-03-11 17:30:00',640,'Y'),
    (300107,5000132,'2018-04-25 10:30:00',280,'N'),
    (300108,5000135,'2020-11-11 19:30:00',400,'N'),
    (300108,5000134,'2021-06-21 15:20:00',360,'N');
```

2. 反向工程操作

1）开发工具连接配置

在 MyEclipse 开发工具上配置好一个到数据库的连接 "myeclipse_mysql_connection"，如图 6-12 所示，此连接在后继搭建工程项目中作为数据库的连接配置细节及反向工程操作中应用程序与数据层之间的中介桥梁。

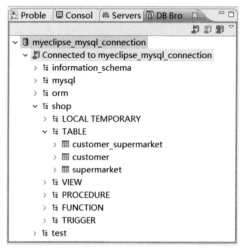

图 6-12　MyEclipse 数据库连接

2）项目工程环境搭建

在 MyEclipse 开发工具上创建一个名称为 "hql_shop" 的 Web 工程，并添加 Hibernate 框架组件，并使用 "myeclipse_mysql_connection" 连接作为项目工程对数据库的配置细节，如图 6-13 所示。

3）反向工程操作

在 MyEclipse 工具中打开 "myeclipse_mysql_connection" 连接，对 "customer" "supermarket" "customer_supermarket" 三个数据表作 Hibernate 反向工程操作，生成如下几类资源文件，如图 6-14 所示。

实体类文件：Customer.java、Supermarket.java、CustomerSupermarket.java、CustomerSupermarketId.java。

DAO 持久化操作类文件：CustomerDAO.java、SupermarketDAO.java、CustomerSupermarketDAO.java。

实体类映射文件：Customer.hbm.xml、CustomerSupermarket.hbm.xml、Supermarket.hbm.xml。

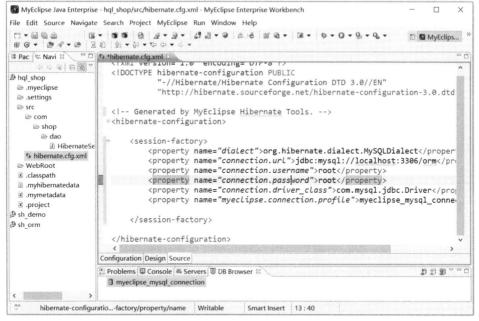

图 6-13　Hibernate 项目工程搭建

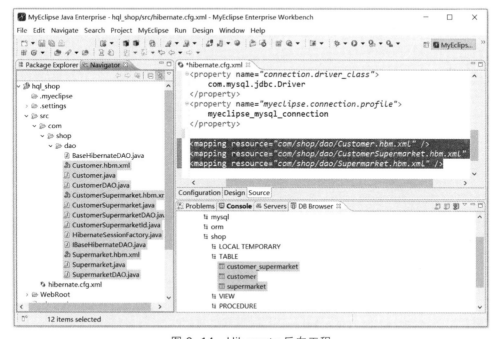

图 6-14　Hibernate 反向工程

3. DAO 编码实现

（1）在项目工程"hql_shop"的模块包"com.shop.dao"下新建类文件 DemoDAO1.java，在类文件中增加一个 getSupermarket 方法，以实现统计出 2015 年 1 月 1 日后成立的中型、大型商场。

编码实现：直接使用 HQL 语句在 Supermarket 实体中设定数据检索属性（createDate、supermarketScale）的条件值即可，具体实现参考 DemoDAO1.java 类文件，程序运行后的统计结果如图 6-15 所示。

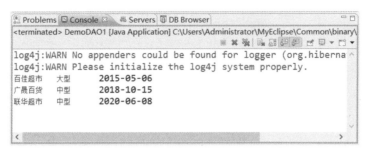

图 6-15　数据检索统计结果（1）

DemoDAO1.java：

```
package com.shop.dao;
import java.util.List;
import org.hibernate.Query;
import org.hibernate.Session;
import org.hibernate.Transaction;
public class DemoDAO1 extends BaseHibernateDAO {
    public void getSupermarket() {
        Session session = null;
        Transaction tran = null;
        try {
            session = getSession();
            tran = session.beginTransaction();
            String hql = "select s.supermarketName,
                    s.supermarketScale," +
                    "s.createDate from Supermarket s " +
                    "where s.createDate>? and s.supermarketScale
```

```
            in(?,?)";
        Query query = session.createQuery(hql);
        query.setString(0, "2015-01-01");
        query.setString(1, "中型");
        query.setString(2, "大型");
        List list = query.list();
        tran.commit();
        for (int i = 0; i < list.size(); i++) {
            Object[] obj = (Object[]) list.get(i);
            System.out.println(obj[0] + "\t" + obj[1] + "\t"
+ obj[2]);
        }
    } catch (Exception e) {
        tran.rollback();
        e.printStackTrace();
    } finally {
        if (session != null && session.isOpen()) {
            session.close();
        }
    }
}

public static void main(String[] args) {
    DemoDAO1 dao = new DemoDAO1();
    dao.getSupermarket();
}
}
```

（2）在项目工程"hql_shop"的模块包"com.shop.dao"下新建类文件 DemoDAO2.java，在类文件中增加一个 getCustomerShopping 方法，以实现统计出年龄在 30 ~ 48 岁并于 2018 年 1 月 1 日后曾经到商场的顾客消费记录。

编码实现：直接使用 HQL 语句对三个实体 Customer、Supermarket、CustomerSupermarke 作条件连接，并设定数据检索属性（shoppingTime、customerAge）的条件值，具体实现参考 DemoDAO2.java 类文件，程序运行后的统计结果如图 6-16 所示。

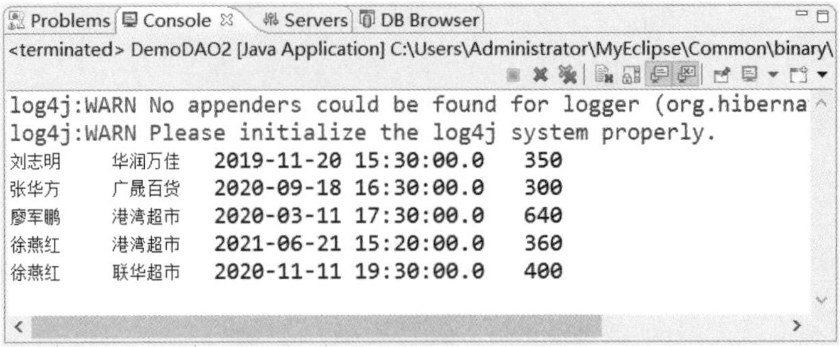

图 6-16 数据检索统计结果（2）

DemoDAO2.java：

```java
package com.shop.dao;
import java.util.List;
import org.hibernate.Query;
import org.hibernate.Session;
import org.hibernate.Transaction;
public class DemoDAO2 extends BaseHibernateDAO {
    public void getCustomerShopping() {
        Session session = null;
        Transaction tran = null;
        try {
            session = getSession();
            tran = session.beginTransaction();
            String hql = "select c.customerName, s.supermarketName,"+
                "cs.id.shoppingTime,cs.shoppingPay "+
                "from Customer c,Supermarket s,
                CustomerSupermarket cs "+
                "where c.cid=cs.id.cid and s.sid=cs.id.sid and "+
                "cs.id.shoppingTime>? and c.customerAge
                between ? and ?";
            Query query = session.createQuery(hql);
            query.setString(0, "2018-01-01 00:00:00");
            query.setInteger(1, 30);
```

```
            query.setInteger(2, 45);
            List list = query.list();
            tran.commit();
            for (int i = 0; i < list.size(); i++) {
                Object[] obj = (Object[]) list.get(i);
                System.out.println(obj[0]+"\t"+obj[1]+"\t"+
                obj[2]+"\t" + obj[3]);
            }
        } catch (Exception e) {
            tran.rollback();
            e.printStackTrace();
        } finally {
            if (session != null && session.isOpen()) {
                session.close();
            }
        }
    }

    public static void main(String[] args) {
        DemoDAO2 dao = new DemoDAO2();
        dao.getCustomerShopping();
    }
}
```

（3）在项目工程"hql_shop"的模块包"com.shop.dao"下新建类文件 DemoDAO3.java，在类文件中增加一个 getSupermarketPay 方法，以实现统计出各类型商场（小型、中型、大型）的营业总额。

编码实现：直接使用 HQL 语句对三个实体 Customer、Supermarket、CustomerSupermarke 作条件连接，并对 supermarketScale 属性进行分组，对 shoppingPay 属性用 sum()函数汇总，具体实现参考 DemoDAO3.java 类文件，程序运行后的统计结果如图 6-17 所示。

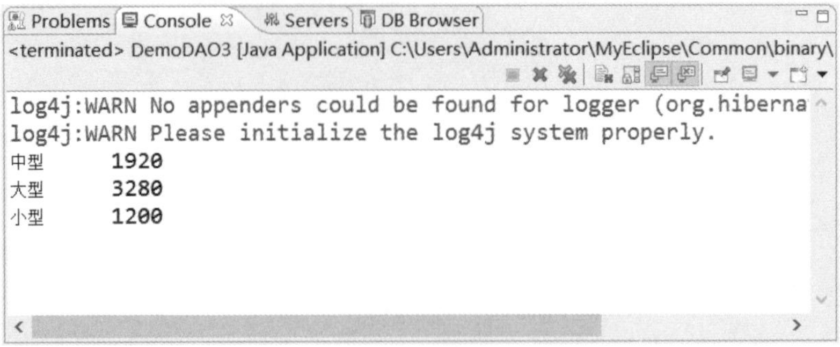

图 6-17　数据检索统计结果（3）

DemoDAO3.java：

```java
package com.shop.dao;
import java.util.List;
import org.hibernate.Query;
import org.hibernate.Session;
import org.hibernate.Transaction;
public class DemoDAO3 extends BaseHibernateDAO {
    public void getSupermarketPay() {
        Session session = null;
        Transaction tran = null;
        try {
            session = getSession();
            tran = session.beginTransaction();
            String hql = "select s.supermarketScale,sum(cs.shoppingPay) "+
                    "from Supermarket s,CustomerSupermarket cs "+
                    "where s.sid=cs.id.sid group by s.supermarketScale";
            Query query = session.createQuery(hql);
            List list = query.list();
            tran.commit();
            for (int i = 0; i < list.size(); i++) {
                Object[] obj = (Object[]) list.get(i);
                System.out.println(obj[0]+"\t"+obj[1]);
            }
        } catch (Exception e) {
```

```
                tran.rollback();
                e.printStackTrace();
            } finally {
                if (session != null && session.isOpen()) {
                    session.close();
                }
            }
        }


    public static void main(String[] args) {
        DemoDAO3 dao = new DemoDAO3();
        dao.getSupermarketPay();
    }
}
```

（4）在项目工程"hql_shop"的模块包"com.shop.dao"下新建类文件 DemoDAO4.java，在类文件中增加一个 getMultCustomer 方法，以实现统计出曾多次到同一商场购物的顾客。

编码实现：直接使用 HQL 语句对三个实体 Customer、Supermarket、CustomerSupermarke 作条件连接，并对 cid、sid 属性进行分组，用 count()函数统计每组的记录数，如果记录数大于 1 则是有多次到同一商场购物的顾客，具体实现参考 DemoDAO4.java 类文件，程序运行后的统计结果如图 6-18 所示。

DemoDAO4.java：

```
package com.shop.dao;
import java.util.List;
import org.hibernate.Query;
import org.hibernate.Session;
import org.hibernate.Transaction;
public class DemoDAO4 extends BaseHibernateDAO {
    public void getMultCustomer() {
        Session session = null;
        Transaction tran = null;
        try {
            session = getSession();
```

```
            tran = session.beginTransaction();
            String hql = "select c.customerName, s.supermarketName, count(*) "+
                    "from Customer c,Supermarket s,CustomerSupermarket cs "+
                    "where c.cid=cs.id.cid and s.sid=cs.id.sid "+
                    "group by c.cid,s.sid ";
            Query query = session.createQuery(hql);
            List list = query.list();
            tran.commit();
            for (int i = 0; i < list.size(); i++) {
                Object[] obj = (Object[]) list.get(i);
                Long times = (Long)obj[2];
                if(times>1){
                    System.out.println(obj[0]+"\t"+obj[1]+"\t" + obj[2]+"\t");
                }
            }
        } catch (Exception e) {
            tran.rollback();
            e.printStackTrace();
        } finally {
            if (session != null && session.isOpen()) {
                session.close();
            }
        }
    }


    public static void main(String[] args) {
        DemoDAO4 dao = new DemoDAO4();
        dao.getMultCustomer();
    }
}
```

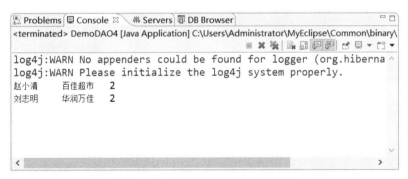

图 6-18　数据检索统计结果（4）

开源框架综合应用

本章将以一个 Web 信息系统的编码开发实现为主线，论述开源框架在 Java EE 领域的综合应用，阐述 Struts 框架作为控制层核心组件的相关实现细节，同时将展示如何在项目开发中使用 Hibernate 框架作为持久化层担当组件，最后论述项目分层架构及开发的原理和过程。

7.1 Web 应用项目构建

在 Java EE 领域有众多的开发框架，这些各式各样的应用框架分布在不同的系统应用层中，承担不同的应用角色。在分层架构的应用系统中，不同应用层的模块框架需要经过整合、集成，才能在项目中有效协作、搭配，共同支撑项目工程的交互、运行，形成一体化业务信息系统。

本章将以一个简单的在线考试系统的编码开发实现为例，以 Struts 及 Hibernate 开源框架为核心，详述系统模块分层架构、各业务模块的编码开发，以及集成部署的项目开发过程。

7.1.1 数据表设计

本应用系统中分学生与教师两种角色，不同角色具有不同的权限功能，学生可以在系统上参加在线考试以及查询自己的考试成绩，教师可以在系统平台上评分、统计学生成绩以及查看所有学生的考试成绩。

从系统功能需求上看，至少要设计出四个数据表，分别是用户表（user）（用于存储用户权限及其他相关信息）、试题表（paper_question）（用于存储试题的相关信息）、答题表（paper_student）（用于存储学生在线考试的答题信息）、评分表（paper_score）（用于存储学生的成绩统计、评定结果）。

系统业务数据表结构：

（1）用户表（user）：

用户账号：user_id varchar(45)　主键；

用户密码：password varchar(45)；

用户姓名：username varchar(45)；

用户角色：role char(1)；

是否有效：is_validate char(1)。

（2）试题表（paper_question）：

题目标识：question_id int　主键　自增；

试题题干：content varchar(500)；

选项 A：choice_a varchar(100)；

选项 B：choice_b varchar(100)；

选项 C：choice_c varchar(100)；

选项 D：choice_d varchar(100)；

试题分值：score smallint；

试题答案：answer char(1)。

（3）答题表（paper_student）：

ID 标识：id int　主键　自增加；

用户 ID：user_id varchar(45)；

题目 ID：question_id int；

选择答案：student_answer char(1)；

考试次数：exam_times smallint。

（4）评分表（paper_score）：

用户 ID：user_id varchar(45)　主建字段；

考试次数：exam_times smallint　主建字段；

最终成绩：total_score int。

按以上的数据表方案，开发出以上四个数据实体的构建文件脚本，然后根据系统运行所需要的基础数据，再开发出相关的数据初始化脚本文件，两者整合为脚本文件：exam.sql，执行该文件后，以上数据表结构将创建起来，且用户表与试题表将拥有基础数据，数据库环境实施完毕后将得到如图 7-1、图 7-2、图 7-3、图 7-4 所示的数据表。

question_id	content	choice_a	choice_b	choice_c	choice_d	score	answer
1	每年的5月1日是什么节日？	儿童节	劳动节	植树节	清明节	20	2
2	光的速度是多少？	10万公里/秒	20万公里/秒	30万公里/秒	40万公里/秒	20	3
3	李白是我国历史上哪个朝代的诗人？	唐代	宋代	明代	清代	20	1
4	《本草纲目》的作者是谁？	李时珍	华佗	张仲景	扁鹊	20	1
5	10以内的所有自然数的和是多少？	52	53	54	55	20	4

图 7-1　试题表

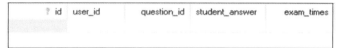

user_id	password	username	role	is_validate
admin	admin	吴江明	t	n
heqing	heqing	何青	s	y
liming	liming	李明	s	y
student	student	王平锋	s	y
teacher	teacher	张华平	t	y
test	test	赵丽花	s	n

图 7-2　用户表

id	user_id	question_id	student_answer	exam_times

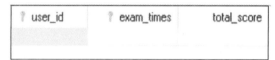

图 7-3　答题表（空表）

user_id	exam_times	total_score

图 7-4　评分表（空表）

exam.sql：

```
CREATE DATABASE IF NOT EXISTS exam;
USE exam;

DROP TABLE IF EXISTS paper_question;
CREATE TABLE paper_question (
  question_id int(10) unsigned NOT NULL auto_increment,
  content varchar(500) NOT NULL,
  choice_a varchar(100) NOT NULL,
  choice_b varchar(100) NOT NULL,
  choice_c varchar(100) NOT NULL,
  choice_d varchar(100) NOT NULL,
  score smallint(5) unsigned NOT NULL,
  answer char(1) NOT NULL,
  PRIMARY KEY  (question_id)
) ENGINE=InnoDB AUTO_INCREMENT=6 DEFAULT CHARSET=utf8;

INSERT INTO paper_question (question_id,content,choice_a,choice_b,
choice_c,choice_d,score,answer) VALUES
 (1,'每年的5月1日是什么节日？','儿童节','劳动节','植树节','清明节',20,'2'),
```

```
    (2,'光的速度是多少？','10万公里/秒','20万公里/秒','30万公里/秒','40万公里/秒
',20,'3'),
    (3,'李白是我国历史上哪个朝代的诗人？','唐代','宋代','明代','清代',20,'1'),
    (4,'《本草纲目》的作者是谁？','李时珍','华佗','张仲景','扁鹊',20,'1'),
    (5,'10以内的所有自然数的和是多少？','52','53','54','55',20,'4');

DROP TABLE IF EXISTS paper_score;
CREATE TABLE paper_score (
  user_id varchar(45) NOT NULL,
  exam_times smallint(5) unsigned NOT NULL,
  total_score int(10) unsigned NOT NULL,
  PRIMARY KEY  USING BTREE (user_id,exam_times)
) ENGINE=InnoDB DEFAULT CHARSET=utf8;

DROP TABLE IF EXISTS paper_student;
CREATE TABLE paper_student (
  id int(10) unsigned NOT NULL auto_increment,
  user_id varchar(45) NOT NULL,
  question_id int(10) unsigned NOT NULL,
  student_answer char(1) NOT NULL,
  exam_times smallint(5) unsigned NOT NULL,
  PRIMARY KEY  (id)
) ENGINE=InnoDB AUTO_INCREMENT=56 DEFAULT CHARSET=utf8;

DROP TABLE IF EXISTS user;
CREATE TABLE user (
  user_id varchar(45) NOT NULL,
  password varchar(45) NOT NULL,
  username varchar(45) NOT NULL,
  role char(1) NOT NULL,
  is_validate char(1) NOT NULL,
  PRIMARY KEY  (user_id)
) ENGINE=InnoDB DEFAULT CHARSET=utf8;

INSERT INTO user (user_id,password,username,role,is_validate) VALUES
```

```
('admin','admin','吴江明','t','n'),
('heqing','heqing','何青','s','y'),
('liming','liming','李明','s','y'),
('student','student','王平锋','s','y'),
('teacher','teacher','张华平','t','y'),
('test','test','赵丽花','s','n');
```

7.1.2　Web 项目开发框架搭建

项目开发框架的搭建包括 Struts 与 Hibernate 框架组件的添加与整合，以及 Hibernate 反向工程操作，最终生成应用层的相关资源，下面作相关的操作及整合配置说明。

（1）创建工程项目：打开 MyEclipse 工具，创建一个名称为"sh_exam"的 Web 工程项目，并在项目中创建 3 个模块包，分别为"com.exam.action""com.exam.service""com.exam.dao"，用于存放控制层、模型层、持久化层类文件及相关资源。

（2）集成 Struts 框架：往新创建的 Web 工程项目中添加 Struts 组件，选择 Struts2 版本，在 Libraries 选项框中，只选择 Core Libraries 组件，默认选项即可，如图 7-5 所示。

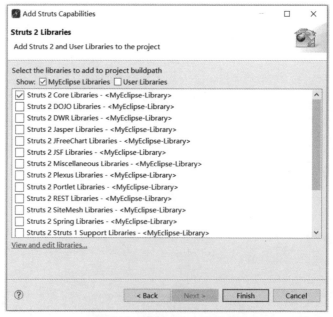

图 7-5　添加 Struts2 组件

（3）数据库连接创建：在 MyEclipse 工具中打开 DB Browser 视图，创建一个从 IDE

到数据库的连接"mysql_exam"，作为 Hibernate 框架的数据库连接参数及反向工程操作的连接中介。

（4）集成 Hibernate 框架：往新创建的 Web 工程项目中添加 Hibernate 组件，选择 Hibernate3.3 版本，在 Libraries 选项框中，只选择 Core Libraries 及 Annotations 组件，默认选项即可，如图 7-6 所示，并在后继步骤中选择上一步创建的"mysql_exam"连接作为数据库的配置参数。

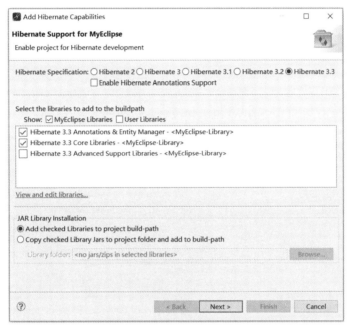

图 7-6   添加 Hibernate 组件

（5）SH 框架整合：Web 项目工程中添加了 Struts 及 Hibernate 组件后 lib 类库会有冲突，不能直接使用。Struts 组件中包含 antlr-2.7.2.jar 文件，Hibernate 组件中也包含 antlr-2.7.6.jar 文件，两个不同版本的相同 jar 包同时出现在项目工程中，在系统运行时会导致异常冲突。处理方法：把 antlr-2.7.2.jar 文件从项目工程的引用中去掉即可。

（6）修改中央处理器：MyEclipse 工具添加 Struts 组件后会默认引用 StrutsPrepareAndExecuteFilter 类作为 Web 项目工程的中央处理器，该处理器有众多的缺陷，在实际开发中必须换回 FilterDispatcher 类。在 web.xml 文件中，修改<filter-class>节点的处理器类值为 org.apache.struts2.dispatcher.FilterDispatcher。

web.xml - (filter 配置)：

```
<filter>
```

```
    <filter-name>struts2</filter-name>
    <filter-class>
        org.apache.struts2.dispatcher.FilterDispatcher
    </filter-class>
</filter>
<filter-mapping>
    <filter-name>struts2</filter-name>
    <url-pattern>*.action</url-pattern>
</filter-mapping>
```

（7）反向工程操作：打开前面创建的"mysql_exam"数据库连接，同时选中 exam
库中的四张数据表（试题表、评分表、答题表、用户表），通过反向工程操作生成 Web
项目下的 dao 资源（实体类、DAO 持久化类、映射文件），如图 7-7 所示。

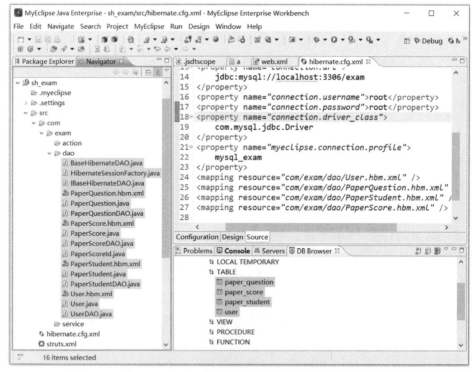

图 7-7　反向工程生成 DAO 资源

7.2 用户登录模块开发

本系统中的用户包含两种角色，学生角色作为普通用户，能拥有系统中的一般常规业务功能，教师角色作为管理员用户，主要拥有后台管理的权限，因而不同角色所对应的功能权限是不一样的。在此系统中分学生模块与教师模块，不同角色的账号将转跳到不同的模块中。

7.2.1 登录模块功能设计

登录模块在设计方面采用口令认证与角色权限相结合方式，用户登录请求发出后，控制层 Struts 组件 LoginAction 类将负责接收请求并与数据表中的用户口令信息（账号、密码）进行比对，若比对不通过直接返回到登录首页重新输入登录数据。若用户口令信息比对通过则进入下一环节，把用户的数据信息写入 Session 对象中，以供系统中其他任意需要的地方使用。接着进入下一环节，用户角色权限认证，若角色为学生则进入学生模块，若角色为教师则转跳至教师模块，体现了账号与角色权限相绑定，最后完成登录操作，具体实现过程如图 7-8 所示。

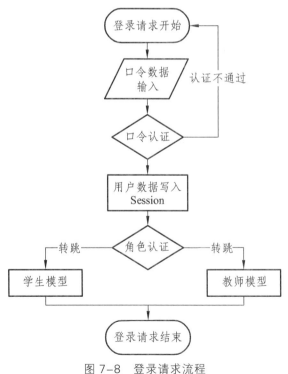

图 7-8 登录请求流程

7.2.2 登录模块编码实现

本模块主要涉及前端视图页面 login.jsp、student.jsp、teacher.jsp，以及登录控制器类 LoginAction.java、登录控制模型 LoginService.java、DAO 数据持久化 UserDAO.java 等类文件的开发。

1. login.jsp

系统的登录视图如图 7-9 所示，用户输入账号、密码后点击"登录"按钮，将提交请求到服务器端的 LoginAction 业务器进行登录认证。在项目中的 WebRoot 部署目录下创建此文件，实现代码参考 login.jsp 文件。

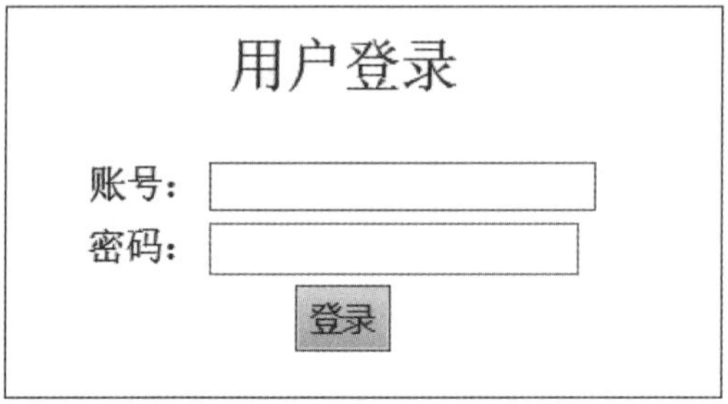

图 7-9 登录视图

login.jsp：

```
<%@ page language="java" import="java.util.*" pageEncoding= "UTF-8"%>
<!DOCTYPE HTML PUBLIC "-//W3C//DTD HTML 4.01 Transitional//EN">
<html>
  <body>
    <table align="center">
    <tr align="center">
    <td  colspan="2"><font size=5 color="#000000" >用户登录</font></td>
    </tr>
    <tr align="center">
    <td  colspan="2"> </td>
    </tr>
    <form action="login.action" method="post">
    <tr>
    <td>账号: </td><td><input type="text" name="user_id"></td>
```

```
</tr>
<tr>
<td>密码: </td><td><input type="password" name="pwd"></td>
</tr>
<tr align="center">
<td colspan="2"><input type="submit" value="登录"></td>
</tr>
</form>
</table>
</body>
</html>
```

2. struts.xml

Struts 组件的配置文件，也是系统中请求的配置文件，登录视图中发出"login.action"的请求后，将到 struts.xml 匹配找到对应的 LoginAction 类。登录请求<action>节点的配置，参考 struts.xml 文件的相关部分。

struts.xml：

```
<?xml version="1.0" encoding="UTF-8" ?>
<!DOCTYPE struts PUBLIC "-//Apache Software Foundation//DTD Struts
Configuration 2.1//EN" "http://struts.apache.org/dtds/ struts-2.1.dtd">
<struts>
    <package name="exam_package" extends="struts-default">
        <!-- 用户登录-->
        <action name="login"
            class="com.exam.action.LoginAction" method= "userLogin">
            <result name="student">/student.jsp</result>
            <result name="teacher">/teacher.jsp</result>
            <result name="fail">/login.jsp</result>
        </action>
        <!-- 在线考试 -->
        <action name="onlineQuestion"
          class="com.exam.action.OnlineExamAction" method="userOnlineExam">
            <result name="online_exam">/online_exam.jsp</result>
```

```
        </action>
        <!-- 提交考试 -->
        <action name="submitExam"
          class="com.exam.action.SubmitExamAction" method="userSubmitExam">
            <result name="student">/student.jsp</result>
        </action>
        <!-- 统计评分 -->
        <action name="markExam"
          class="com.exam.action.MarkExamAction" method="userMarkExam">
          <result name="show">/mark_show.jsp</result>
        </action>
        <!-- 查询学生本人成绩 -->
        <action name="queryScore"
          class="com.exam.action.QueryExamAction" method="userQueryExam">
          <result name="show">/single_score.jsp</result>
        </action>
        <!-- 列出所有学生成绩 -->
        <action name="listScore"
          class="com.exam.action.ListExamAction" method="userListExam">
          <result name="show">/list_score.jsp</result>
        </action>
    </package>
</struts>
```

3. LoginAction.java

登录请求通过 struts.xml 配置文件<action>节点的映射，最终请求到达 LoginAction 类，本类为业务控制器类，不负责请求的具体业务实现，只负责把请求转发到业务模型层，当请求到过本类的 userLogin 方法后，请求将转发到 "com.exam.service" 包下的 LoginService 类，具体编码实现参看 Login.java 文件。

Login.java：

```java
package com.exam.action;
import com.exam.service.LoginService;
public class LoginAction {
```

```
private String user_id;
private String pwd;
private LoginService service = new LoginService();

public String getUser_id() {
    return user_id;
}
public void setUser_id(String user_id) {
    this.user_id = user_id;
}
public String getPwd() {
    return pwd;
}
public void setPwd(String pwd) {
    this.pwd = pwd;
}

public String userLogin(){
    String show = service.userLoginService(user_id, pwd);
    return show;
}
}
```

4. LoginService.java

登录请求通过 LoginAction 类的转发到达 LoginService 类的 userLoginService 业务方法，负责实现登录的口令及角色权限认证的逻辑实现，在本方法中通过向数据持久化层的 UserDAO 类请求相关数据，来实现认证的功能，编码实现参考 LoginService.java 类。

Login.java：

```
package com.exam.service;
import javax.servlet.http.HttpServletRequest;
import javax.servlet.http.HttpSession;
import org.apache.struts2.ServletActionContext;
import com.exam.dao.User;
import com.exam.dao.UserDAO;
```

```
public class LoginService {
    private UserDAO userDAO = new UserDAO();
    public String userLoginService(String user_id,String pwd){
        String mess = "fail";
        User user = userDAO.findById(user_id);
        if (user!=null) {
            String dbPwd = user.getPassword();
            String role = user.getRole();
            String isValidate = user.getIsValidate();
            if (dbPwd.equals(pwd)&&isValidate.equals("y")) {
                if (role.equals("s")) {
                    mess = "student";
                }
                else if (role.equals("t")) {
                    mess = "teacher";
                }
                setObject2Session(user);
            }
        }
        return mess;
    }

    public void setObject2Session(Object obj){
        HttpServletRequest request=ServletActionContext.getRequest();
        HttpSession session = request.getSession();
        session.setAttribute("user", obj);
    }
}
```

5. UserDAO.java

UserDAO 类文件为 Hibernate 框架通过反向工程生成 DAO 持久化层资源文件, 在此可直接使用类文件中的 findById 方法, 通过传入 userId 参数即可得到对应的数据记录, 并返回到 Service 模型层的 LoginService 类, findById 方法的编码实现参考 UserDAO.java

文件相关部分。

UserDAO.java (findById 方法)：

```java
public User findById(java.lang.String id) {
    log.debug("getting User instance with id: " + id);
    try {
        User instance = (User) getSession().get("com.exam.dao. User", id);
        return instance;
    } catch (RuntimeException re) {
        log.error("get failed", re);
        throw re;
    }
}
```

6. student.jsp 和 teacher.jsp

登录请求经过 LoginService 类的逻辑认证与 LoginAction 类流程控制转跳最终回到 struts.xml 文件中，根据 Action 节点的配置最终找到学生、教师角色认证响应视图，如图 7-10 和图 7-11 所示，响应视图页面的编码实现参考 student.jsp、teacher.jsp 文件。

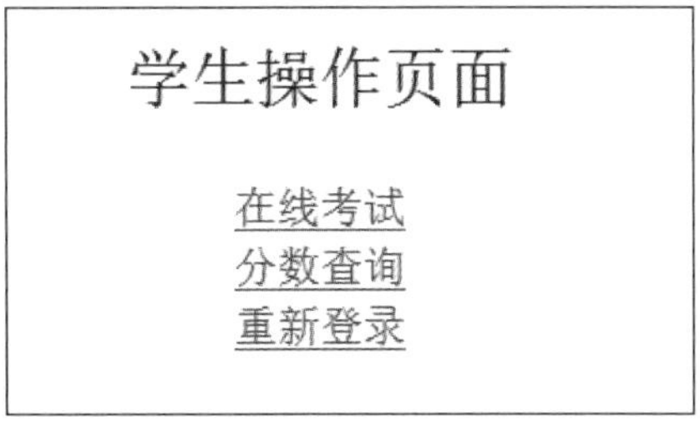

学生操作页面	在线考试管理模块
在线考试 分数查询 重新登录	统计成绩 成绩看板 重新登录

图 7-10　学生模块视图 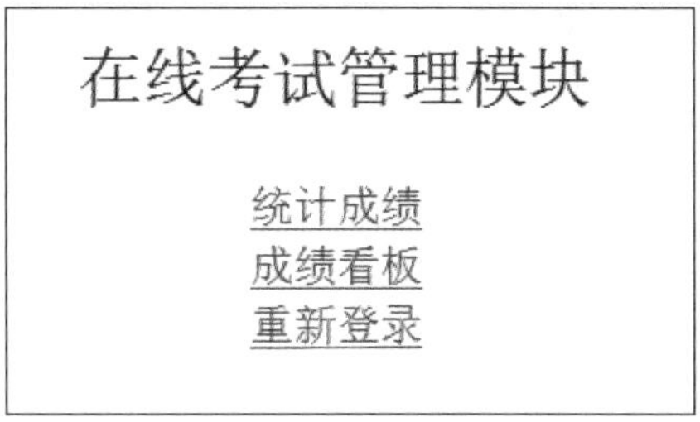　　　　　图 7-11　教师模块视图

student.jsp：

```jsp
<%@ page language="java" import="java.util.*" pageEncoding="UTF-8"%>
<!DOCTYPE HTML PUBLIC "-//W3C//DTD HTML 4.01 Transitional//EN">
<html>
  <body>
    <table align="center">
    <tr align="center">
```

```
            <td colspan="2"  align="center"><font size=5 color= "#000000" >
学生操作页面</font></td>
        </tr>
        <tr align="center">
        <td  colspan="2"> </td>
        </tr>
        <form action="login.action" method="post">
        <tr  align="center">
        <td colspan="2"><a href="onlineQuestion.action">在线考试</a></td>
        </tr>
        <tr  align="center">
        <td colspan="2"><a href="queryScore.action">分数查询</a> </td>
        </tr>
        <tr  align="center">
        <td colspan="2"><a href="login.jsp">重新登录</a></td>
        </tr>
        </form>
        </table>
    </body>
</html>
```

teacher.jsp：

```
<%@ page language="java" import="java.util.*" pageEncoding= "UTF-8"%>
<!DOCTYPE HTML PUBLIC "-//W3C//DTD HTML 4.01 Transitional//EN">
<html>
  <body>
    <table align="center">
    <tr align="center">
    <td  colspan="2"  align="center"><font size=5 color= "#000000" >
在线考试管理模块</font></td>
    </tr>
    <tr align="center">
    <td  colspan="2"> </td>
    </tr>
```

```
<form action="login.action" method="post">
<tr  align="center">
<td colspan="2"><a href="markExam.action">统计成绩</a></td>
</tr>
<tr  align="center">
<td colspan="2"><a href="listScore.action">成绩看板</a> </td>
</tr>
<tr  align="center">
<td colspan="2"><a href="login.jsp">重新登录</a></td>
</tr>
</form>
</table>
</body>
</html>
```

7.3 学生在线考试模块开发

学生模块是学生角色账号所对应的权限模块，主要包括学生在线考试以及学生个人成绩自主查询两部分主要功能，其中在线考试部分包含在线试卷请求及在线试卷提交两方面。

7.3.1 学生在线考试

学生在线考试业务功能分两步实现，首先是用户向系统平台发送在线试卷的请求，应用程序根据试题表的数据组合成在线试题，并向用户展现在线试卷；其次是用户完成在线答题后需要把答题数据提交到系统平台，并保存到学生答题数据表。

1. 在线试卷请求

在线试卷请求功能主要涉及前端视图页面 student.jsp、online_exam.jsp，试卷请求控制器类 OnlineExamAction.java，试卷请求模型 OnlineExamService.java，DAO 数据持久化 PaperQuestionDAO.java 等类文件的开发。

1）OnlineExamAction.java

从点击学生模块视图页面 student.jsp 的超链接开始，发送在线试卷请求 "onlineQuestion.action"

到服务器端，然后到 struts.xml 文件找到请求相匹配的 OnlineExamAction 类，流程到达 Action 控制器类中的 userOnlineExam 方法，具体实现参考 OnlineExamAction.java 文件（struts.xml 文件的配置前面已给出）。

OnlineExamAction.java：

```java
package com.exam.action;
import com.exam.service.OnlineExamService;

public class OnlineExamAction {
    private OnlineExamService service = new OnlineExamService();
    public String userOnlineExam(){
        service.userOnlineExamService();
        return "online_exam";
    }
}
```

2）OnlineExamService.java

在线试卷请求通过 OnlineExamAction 类的转发到达 OnlineExamService 类的 userOnlineExamService 业务方法，负责在线试卷的生成逻辑编码实现，从试题表中取出所有试题，并把试题封装在 List 集合中，然后通过 Session 对象传回前端视图页面。userOnlineExamService 方法通过向数据持久化层的 PaperQuestionDAO 类的 findAll 方法请求相关数据，来实现认证的功能，编码实现参考 OnlineExamService.java 文件。

OnlineExamService.java：

```java
package com.exam.service;
import java.util.List;
import javax.servlet.http.HttpServletRequest;
import javax.servlet.http.HttpSession;
import org.apache.struts2.ServletActionContext;
import com.exam.dao.PaperQuestionDAO;

public class OnlineExamService {
    PaperQuestionDAO pqDAO = new PaperQuestionDAO();
    public void userOnlineExamService(){
        HttpServletRequest request = ServletActionContext.getRequest();
        HttpSession session = request.getSession();
```

```
    List questionList = pqDAO.findAll();
    session.setAttribute("questionList", questionList);
    }
}
```

3）PaperQuestionDAO.java

PaperQuestionDAO 类文件为 Hibernate 框架通过反向工程生成的 DAO 持久化层资源文件，在此可直接使用类文件中的 findAll 方法，找到试题表中的试题数据，并返回到 Service 模型层的 OnlineExamService 类，findAll 方法的编码实现参数 PaperQuestionDAO.java 文件相关部分。

PaperQuestionDAO.java (findAll 方法)：

```
public List findAll() {
    log.debug("finding all PaperQuestion instances");
    try {
        String queryString = "from PaperQuestion";
        Query queryObject = getSession().createQuery(queryString);
        return queryObject.list();
    } catch (RuntimeException re) {
        log.error("find all failed", re);
        throw re;
    }
}
```

4）online_exam.jsp

在线试卷请求经过 OnlineExamService 类的逻辑编码与 OnlineExamAction 类流程控制，最后回到 struts.xml 文件中找到 Action 节点的响应视图。响应视图页面通过 EL 表达式与 JSTL 定制标签库实现在线试题的输出，如图 7-12 所示，视图的编码实现参考 online_exam.jsp 文件。

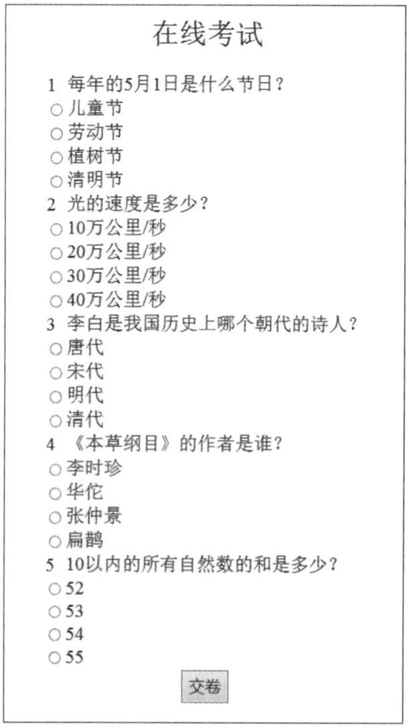

在线考试

1 每年的5月1日是什么节日？
○ 儿童节
○ 劳动节
○ 植树节
○ 清明节
2 光的速度是多少？
○ 10万公里/秒
○ 20万公里/秒
○ 30万公里/秒
○ 40万公里/秒
3 李白是我国历史上哪个朝代的诗人？
○ 唐代
○ 宋代
○ 明代
○ 清代
4 《本草纲目》的作者是谁？
○ 李时珍
○ 华佗
○ 张仲景
○ 扁鹊
5 10以内的所有自然数的和是多少？
○ 52
○ 53
○ 54
○ 55

交卷

图 7-12 在线试卷视图

online_exam.jsp：

```jsp
<%@ page language="java" import="java.util.*" pageEncoding= "UTF-8"%>
<%@ taglib uri="http://java.sun.com/jstl/core_rt" prefix="c"%>
<!DOCTYPE HTML PUBLIC "-//W3C//DTD HTML 4.01 Transitional//EN">
<html>
<body>
<center>
<font size=5 color="#000000" >在线考试</font>
<form action="submitExam.action" method="post">
<table  cellspacing="0">
<c:forEach items="${questionList}" var="question" varStatus=
"questionStatus">
<tr>
<td>${questionStatus.count}</td>
<td>${question.content}    </td>
```

```
</tr>
<tr>
<td><input type="radio" name="${question.questionId}_choice "value="1">
</td>
<td>${question.choiceA}</td>
</tr>
<tr>
<td><input type="radio" name="${question.questionId}_choice" value="2">
</td>
<td>${question.choiceB}</td>
</tr>
<tr>
<td><input type="radio" name="${question.questionId}_choice" value="3">
</td>
<td>${question.choiceC}</td>
</tr>
<tr>
<td><input type="radio" name="${question.questionId}_choice" value="4">
</td>
<td>${question.choiceD}</td>
</tr>
</c:forEach>
<tr align="center">
<td colspan="2">
<input type="submit" value="交卷">
</td>
</tr>
</table>
<br>
</form>
</center>
</body>
</html>
```

2. 在线试卷提交

在线试卷提交功能主要涉及前端视图页面 student.jsp、online_exam.jsp，试卷请求控制器类 SubmitExamAction.java，试卷请求模型 SubmitExamService.java，DAO 数据持久化 PaperStudentDAO.java 等类文件的开发。

1）SubmitExamAction.java

在如图 7-12 所示的在线试卷视图中，用户完成答题并点击"交卷"按钮后，将发送试卷提交请求"submitExam.action"到服务器端，先在 struts.xml 文件匹配请求对应的 Action 控制器类 SubmitExamAction 类，流程到达类中的 userSubmitExam 方法，并作流程分发转跳处理，具体实现参考 SubmitExamAction.java 文件。

SubmitExamAction.java：

```
package com.exam.action;
import com.exam.service.SubmitExamService;

public class SubmitExamAction {
    private SubmitExamService service = new SubmitExamService();
    public String userSubmitExam(){
        service.userSubExamService();
        return "student";
    }
}
```

2）SubmitExamService.java

在线试卷提交请求通过 SubmitExamAction 类的转发到达 SubmitExamService 类的 userSubExamService 业务方法，负责把用户的在线答题数据写入答题表。本方法通过数据持久化层的 PaperStudentDAO 类的 save 方法来实现数据的写入功能，编码实现参考 SubmitExamService.java 文件。

SubmitExamService.java：

```
package com.exam.service;
import java.util.List;
import javax.servlet.http.HttpServletRequest;
import javax.servlet.http.HttpSession;
import org.apache.struts2.ServletActionContext;
import com.exam.dao.PaperStudent;
```

```
import com.exam.dao.PaperStudentDAO;
import com.exam.dao.User;

public class SubmitExamService {
    private PaperStudentDAO psDAO = new PaperStudentDAO();
    public void userSubExamService(){
        HttpServletRequest request = ServletActionContext.getRequest();
        HttpSession session = request.getSession();
        List questionList = (List)session.getAttribute ("questionList");
        User user = (User)session.getAttribute("user");
        PaperStudent ps = null;
        if (questionList!=null) {
            short times = psDAO.getExamTimes(user.getUserId());
            short nextTime = (short)(times + 1);
            for (int i = 0; i < questionList.size(); i++) {
                ps = new PaperStudent();
                String userAnswer =
                        request.getParameter((i+1)+"_choice");
                ps.setQuestionId(i+1);
                ps.setStudentAnswer(userAnswer);
                ps.setUserId(user.getUserId());
                ps.setExamTimes(nextTime);
                psDAO.save(ps);
            }
        }
    }
}
```

3）PaperStudentDAO.java

PaperStudentDAO 类文件为 Hibernate 框架通过反向工程生成的 DAO 持久化层资源文件，在本类中的 save 方法要稍修改才可使用。在直接生成的 save 方法中是没有事务开启语句的，在此要加上事务语句，添加事务语句后的 save 方法的编码实现参考 PaperStudentDAO.java 文件相关部分。

PaperStudentDAO.java (save 方法)：

```java
public void save(PaperStudent transientInstance) {
    Session session = null;
    Transaction tran = null;
    log.debug("saving PaperStudent instance");
    try {
        session = this.getSession();
        tran = session.beginTransaction();
        session.save(transientInstance);
        tran.commit();
        log.debug("save successful");
    } catch (RuntimeException re) {
        tran.rollback();
        log.error("save failed", re);
        throw re;
    }
    finally{
        if (session!=null&&session.isOpen()) {
            session.close();
        }
    }
}
```

用户答题数据写入答题表（paper_student）后，如图 7-13 所示，系统流程将依次返回到 SubmitExamService、SubmitExamAction 等类，最后在配置文件 struts.xml 中找到对应的响应视图，回跳到学生模型页面。

id	user_id	question_id	student_answer	exam_times
26	liming	1	3	1
27	liming	2	3	1
28	liming	3	1	1
29	liming	4	1	1
30	liming	5	1	1

图 7-13　数据写入答题表

7.3.2　考试成绩查询

学生提交在线考试答题后，并不能马上查询自己的成绩，要等教师模块中做了试卷评分的动作后才能查询自己的考试成绩。个人考试成绩查询功能主要涉及前端视图页面 student.jsp、single_score.jsp，查询请求控制器类 QueryExamAction.java，试卷请求模型 QueryExamService.java，DAO 数据持久化 PaperScoreDAO.java 等类文件的开发。

1. QueryExamAction.java

点击学生模块的查询成绩超链接,便向服务器端发送成绩查询请求"queryScore.action", 然后请求流程到 struts.xml 文件找到请求相匹配的 QueryExamAction 类，流程到达 Action 控制器类中的 userQueryExam 方法，具体实现参考 QueryExamAction.java 文件。

QueryExamAction.java：

```java
package com.exam.action;
import com.exam.service.QueryExamService;

public class QueryExamAction {
    private QueryExamService service = new QueryExamService();
    public String userQueryExam(){
        service.userQueryExamService();
        return "show";
    }
}
```

2. QueryExamService.java

成绩查询请求通过 QueryExamAction 类的转发到达 QueryExamService 类的 userQueryExamService 业务方法，负责处理成绩查询的逻辑编码实现。首先从 Session 对象中取出用户的 userId，然后以 userId 为参数通过持久化层的 PaperScoreDAO 类的 getPaperScore 方法取得相关成绩数据，最后把成绩数据存入 Session 对象，以供前端视图展示，如果学生多次参加考试则取最高分作为学生成绩，编码实现参考 QueryExamService.java 文件。

QueryExamService.java：

```java
package com.exam.service;
import javax.servlet.http.HttpServletRequest;
import javax.servlet.http.HttpSession;
```

```
import org.apache.struts2.ServletActionContext;
import com.exam.dao.PaperScoreDAO;
import com.exam.dao.User;

public class QueryExamService {
    PaperScoreDAO pScoreDAO = new PaperScoreDAO();
    public void userQueryExamService() {
        HttpServletRequest request = ServletActionContext.getRequest();
        HttpSession session = request.getSession();
        User user = (User) session.getAttribute("user");
        String username = user.getUsername();
        Integer totalScore =
                (Integer)pScoreDAO.getPaperScore(user.getUserId());
        if (totalScore==null) {
            totalScore = 0;
        }
        session.setAttribute("username", username);
        session.setAttribute("totalScore", totalScore);
    }
}
```

3. PaperScoreDAO.java

PaperScoreDAO 类文件为 Hibernate 框架通过反向工程生成的 DAO 持久化层资源文件，但本次所用到的 getPaperScore 不是现成的方法，需要编码开发。实现逻辑是以 user_id 为条件筛选字段，从 paper_score 表中用 max() 函数统计出 total_score 字段的最大值。getPaperScore 方法的编码实现参考 PaperScoreDAO.java 文件相关部分。

PaperScoreDAO.java (getPaperScore 方法)：

```
public Object getPaperScore(String userId){
    Session session = null;
    Transaction tran = null;
    Object obj = null;
    try {
        session = getSession();
```

```
        tran = session.beginTransaction();
        String hql = "select max(ps.totalScore) " +
                "from PaperScore ps " +
                "where ps.id.userId=? " ;
        Query query = session.createQuery(hql);
        query.setString(0, userId);
        obj = query.uniqueResult();
        tran.commit();
    } catch (Exception e) {
        if (tran!=null&&!tran.wasCommitted()) {
            tran.rollback();
        }
        e.printStackTrace();
    } finally {
        if (session != null && session.isOpen()) {
            session.close();
        }
    }
    return obj;
}
```

4. single_score.jsp

成绩查询请求经过 QueryExamService 类的逻辑编码与 QueryExamAction 类流程控制，最后回到 struts.xml 文件中找到 Action 节点的配置的响应视图，如图 7-14 所示，视图的编码实现参考 single_score.jsp 文件。

图 7-14　个人成绩查询视图

single_score.jsp：

```jsp
<%@ page language="java" import="java.util.*" pageEncoding= "UTF-8"%>
<%@ taglib uri="http://java.sun.com/jstl/core_rt" prefix="c"%>
<!DOCTYPE HTML PUBLIC "-//W3C//DTD HTML 4.01 Transitional//EN">
<html>
  <body>
    <table align="center">
    <tr align="center">
    <td colspan="2" align="center"><font size=5 color="#000000"> 考试成
绩查询：</font></td>
    </tr>
    <tr align="center">
    <td colspan="2" align="center"> </td>
    </tr>
    <tr align="center">
    <td ><font color="#000000">${username}:</font></td>
    <td><font color="#000000">${totalScore}</font></td>
    </tr>
    <tr align="center">
    <td colspan="2" align="center"> </td>
    </tr>
    <tr align="center">
    <td colspan="2"><a href="student.jsp"><font size =1 color=
"#000000">返回</font></a></td>
    </tr>
    </table>
  </body>
</html>
```

7.4 教师考试管理模块开发

教师模块是教师角色账号所对应的管理员权限模块，该模块属于系统平台的管理模块，主要包括在线考试评分统计以及在成绩看板中输出所有在线考试学生的成绩，在流程控制方面与系统主体流程相同。

7.4.1　在线考试评分统计

在线考试评分统计将对所有考生的在线考试进行成绩汇总统计，本功能主要涉及前端视图页面 teacher.jsp 及 mark_show.jsp、评分请求控制器类 MarkExamAction.java、评分请求模型 MarkExamService.java、DAO 数据持久化 MultiModelQueryDAO.java 及 PaperScoreDAO.java 等类文件的开发。

1. MarkExamAction.java

在教师管理员模块视图页面 teacher.jsp 上有统计评分超链接，点击该超链接后将发送请求"markExam.action"到服务器端，然后到 struts.xml 文件找到请求相匹配的 MarkExamAction 类，流程到达 Action 控制器类中的 userMarkExam 方法，具体实现参考 MarkExamAction.java 文件。

MarkExamAction.java：

```
package com.exam.action;
import com.exam.service.MarkExamService;

public class MarkExamAction {
    private MarkExamService service = new MarkExamService();
    public String userMarkExam(){
        service.userMarkExamService();
        return "show";
    }
}
```

2. MarkExamService.java

评分统计请求通过 MarkExamAction 类的转发到达 MarkExamService 类的 userMarkExamService 业务方法，负责对所有学生的在线考试进行评分统计，通过答题表与试题表中的比对统计出每个学生的成绩，然后把数据写回到成绩表。userMarkExamService 方法通过数据持久化层的 MultiModelQueryDAO 类的 getPaperQuestion 方法及 PaperScoreDAO 的 save 方法完成相关数据统计与写入，编码实现参考 MarkExamService.java 文件。

MarkExamService.java：

```java
package com.exam.service;
import java.util.HashMap;
import java.util.Iterator;
import java.util.List;
import java.util.Map;
import java.util.Set;
import com.exam.dao.MultiModelQueryDAO;
import com.exam.dao.PaperScore;
import com.exam.dao.PaperScoreDAO;
import com.exam.dao.PaperScoreId;

public class MarkExamService {
    private MultiModelQueryDAO mmqDAO = new MultiModelQueryDAO();
    PaperScoreDAO pScoreDAO = new PaperScoreDAO();
    public void userMarkExamService(){
        List list = mmqDAO.getPaperQuestion();
        if (list!=null&&list.size()>0) {
            String lastUserId = null;
            short lastTimes = 0;
            int sum = 0;
            Map map = new HashMap();
            for (int i = 0; i < list.size(); i++) {
                Object[] obj = (Object[])list.get(i);
                short singleScore = (Short)obj[0];
                String questionAnswer = (String)obj[1];
                String userId = (String)obj[2];
                String studentAnswer = (String)obj[3];
                short examTimes = (Short)obj[4];
                if (lastUserId==null) {
                    lastUserId=userId;
                }
                if (lastTimes==0) {
```

```
                    lastTimes=examTimes;
            }
            if (lastUserId.equals(userId)) {
                if (lastTimes==examTimes) {
                    if (questionAnswer.equals(studentAnswer)) {
                        sum = sum + singleScore;
                    }
                    String key = userId+"_"+examTimes;
                    int value = sum;
                    map.put(key, value);
                }
                else{
                    sum=0;
                    if (questionAnswer.equals(studentAnswer)) {
                        sum = sum + singleScore;
                    }
                    lastTimes=examTimes;
                }
            }
            else{
                sum=0;
                if (questionAnswer.equals(studentAnswer)) {
                    sum = sum + singleScore;
                }
                lastUserId=userId;
                lastTimes=examTimes;
            }


        }
        saveMarkScore(map);
    }
}
public void saveMarkScore(Map map) {
```

```
        Set set = map.keySet();
        Iterator it = set.iterator();
        int sum = 0;
        String userId = "";
        Short examTimes = 0;
        while (it.hasNext()) {
            String key = (String) it.next();
            sum = (Integer) map.get(key);
            String[] str = key.split("_");
            userId = str[0];
            examTimes = Short.parseShort(str[1]);
            PaperScore pScore = new PaperScore();
            PaperScoreId pScoreId = new PaperScoreId();
            pScoreId.setUserId(userId);
            pScoreId.setExamTimes(examTimes);
            pScore.setId(pScoreId);
            pScore.setTotalScore(sum);
            try {
                pScoreDAO.save(pScore);
            } catch (Exception e) {
                e.printStackTrace();
            }
        }
    }
}
```

3. MultiModelQueryDAO.java

MultiModelQueryDAO 类文件为跨表连接查询的 DAO 操作类，不能通过反向工程取得，必须由程序员编码开发。此类的 getPaperQuestion 方法，通过对 paper_student 表与 paper_question 表作连接，并按字段 user_id、exam_times、question_id 排序，来统计相关数据，并向 OnlineExamService 类返回相关数据，getPaperQuestion 方法的编码实现参考 MultiModelQueryDAO.java 文件。

MultiModelQueryDAO.java：

```
package com.exam.dao;
import java.util.ArrayList;
import java.util.List;
import org.hibernate.Query;
import org.hibernate.Session;
import org.hibernate.Transaction;

public class MultiModelQueryDAO extends BaseHibernateDAO{
    public List getPaperQuestion(){
        Session session = null;
        Transaction tran = null;
        List list = new ArrayList();
        try {
            session = getSession();
            tran = session.beginTransaction();
            String hql = "select pq.score,pq.answer,ps.userId, " +
                    "ps.studentAnswer,ps.examTimes " +
                    "from PaperQuestion pq,PaperStudent ps " +
                    "where pq.questionId=ps.questionId " +
                    "order by ps.userId,ps.examTimes, ps.questionId";
            Query query = session.createQuery(hql);
            list = query.list();
            tran.commit();
        } catch (Exception e) {
            if (tran!=null&&!tran.wasCommitted()) {
                tran.rollback();
            }
            e.printStackTrace();
        } finally {
            if (session != null && session.isOpen()) {
                session.close();
            }
        }
```

```
        return list;
    }
}
```

4. PaperScoreDAO.java

PaperScoreDAO 类文件为 Hibernate 框架通过反向工程生成的 DAO 持久化层资源文件，此类中有生成 save 方法，但不能直接使用，需要手动添加事务语句才能正式使用，save 方法的编码实现参考 PaperScoreDAO.java 文件相关部分。

PaperScoreDAO.java (save 方法)：

```
public void save(PaperScore transientInstance) {
    Session session = null;
    Transaction tran = null;
    log.debug("saving PaperScore instance");
    try {
        session = this.getSession();
        tran = session.beginTransaction();
        session.save(transientInstance);
        tran.commit();
        log.debug("save successful");
    } catch (RuntimeException re) {
        tran.rollback();
        log.error("save failed", re);
        throw re;
    }
    finally{
        if (session!=null&&session.isOpen()) {
            session.close();
        }
    }
}
```

每一次发出评分统计请求后，都会对所有数据进行评分统计，并重新写入成绩表，如果某考生某场次考试已经统计过并已记录到成绩表中，则本次再次写入时因主键约束关系，将抛数据库异常不能写入，但不影响其他场次及其他考生的成绩数据写入，数据写入成绩表后如图 7-15 所示。

user_id	exam_times	total_score
heqing	1	40
heqing	2	80
liming	1	60
liming	2	60
liming	3	80
student	1	40
student	2	20
student	3	100
student	4	40

图 7-15　成绩数据表

5. mark_show.jsp

成绩数据写入成绩表后，流程将依次返回 MarkExamService、MarkExamAction 类，最后在 struts.xml 配置文件中找到响应页面 mark_show.jsp。该视图为操作结果的提示视图，如图 7-16 所示，编码实现非常简单，参考 mark_show.jsp 文件。

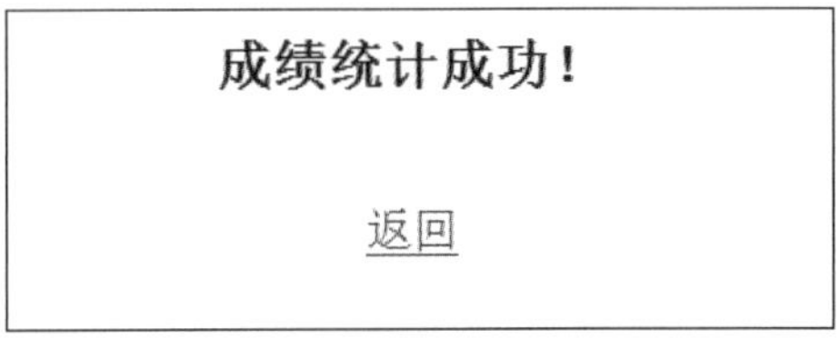

图 7-16　统计评分响应视图

mark_show.jsp：

```
<%@ page language="java" import="java.util.*" pageEncoding= "UTF-8"%>
<!DOCTYPE HTML PUBLIC "-//W3C//DTD HTML 4.01 Transitional//EN">
<html>
  <head>
  </head>
  <body>
    <center><h3>成绩统计成功！</h3> <br>
    <a href="teacher.jsp">返回</a>
    </center>
  </body>
</html>
```

7.4.2　在线考试成绩看板

在线考试成绩看板将展示所有考生的成绩数据，本功能主要涉及前端视图页面 teacher.jsp 及 list_score.jsp、成绩看板请求控制器类 ListExamAction.java、评分请求模型 ListExamService.java、DAO 数据持久化 PaperScoreDAO.java 等类文件的开发。

1. ListExamAction.java

点击教师管理员模块视图页面的成绩看板超链接后将发送请求"listScore.action"到服务器端，然后到 struts.xml 文件找到请求相匹配的 ListExamAction 类，流程到达 Action 控制器类中的 userListExam 方法，具体实现参考 ListExamAction.java 文件。

ListExamAction.java：

```
package com.exam.action;
import com.exam.service.ListExamService;

public class ListExamAction {
    private ListExamService service = new ListExamService();
    public String userListExam(){
        service.userListExamService();
        return "show";
    }
}
```

2. ListExamService.java

成绩看板请求通过 ListExamAction 类的转发到达 ListExamService 类的 userListExamService 业务方法，负责列出成绩表中的所有用户考试成绩，然后把成绩数据写入 Session 对象，以供前端展示。userListExamService 方法通过数据持久化层的 PaperScoreDAO 类的 getAllPaperScore 方法实现数据检索，编码实现参考 ListExamService.java 文件。

ListExamService.java：

```
package com.exam.service;
import java.util.ArrayList;
import java.util.List;
import javax.servlet.http.HttpServletRequest;
import javax.servlet.http.HttpSession;
```

```
import org.apache.struts2.ServletActionContext;
import com.exam.dao.PaperScoreDAO;
import com.exam.model.StudentScore;

public class ListExamService {
    PaperScoreDAO pScoreDAO = new PaperScoreDAO();
    public void userListExamService() {
        HttpServletRequest request =
                ServletActionContext.getRequest();
        HttpSession session = request.getSession();
        List list = pScoreDAO.getAllPaperScore();
        String username = "";
        Integer totalScore = 0;
        StudentScore stuScore = null;
        List scoreList = new ArrayList();
        for (int i = 0; i < list.size(); i++) {
            Object[] obj = (Object[])list.get(i);
            username = (String)obj[0];
            totalScore = (Integer)obj[1];
            stuScore = new StudentScore();
            stuScore.setUsername(username);
            stuScore.setTotalScore(totalScore);
            scoreList.add(stuScore);
        }
        session.setAttribute("scoreList", scoreList);
    }
}
```

3. PaperScoreDAO.java

PaperScoreDAO 类文件为反向工程生成，但类中没有现成的方法，必须由程序员编码开发一个 getAllPaperScore 来实现相关的功能，该方法只需要对 paper_score 表按 user_id 字段进行分组，并使用 max()函数统计出每组 total_score 字段的最大值，并返回给 ListExamService 类即可，编码实现参数 PaperScoreDAO.java 文件相关部分。

PaperScoreDAO.java (getAllPaperScore 方法)：

```java
public List getAllPaperScore(){
    Session session = null;
    Transaction tran = null;
    List list = new ArrayList();
    try {
        session = getSession();
        tran = session.beginTransaction();
        String hql = "select u.username,max(ps.totalScore) " +
                "from PaperScore ps,User u " +
                "where ps.id.userId=u.userId " +
                "group by u.userId" ;
        Query query = session.createQuery(hql);
        list = query.list();
        tran.commit();
    } catch (Exception e) {
        if (tran!=null&&!tran.wasCommitted()) {
            tran.rollback();
        }
        e.printStackTrace();
    } finally {
        if (session != null && session.isOpen()) {
            session.close();
        }
    }
    return list;
}
```

4. list_score.jsp

所检索的考生成绩数据经过 MarkExamService 类封装成 List 集合并存入 Session 对象，最后到响应视图页面。在本视图页面通过 EL 表达式及 JSTL 定制标签库来迭代集合的成绩数据，最终在视图展示输出，如图 7-17 所示，编码实现参考 list_score.jsp 文件。

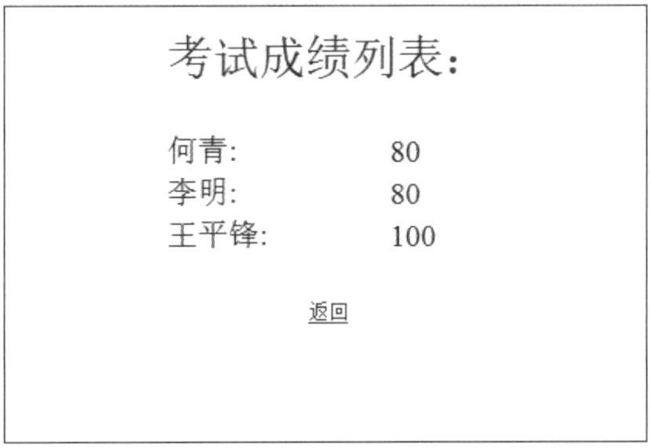

考试成绩列表：

何青：	80
李明：	80
王平锋：	100

返回

图 7-17 成绩看板视图

list_score.jsp：

```
<%@ page language="java" import="java.util.*" pageEncoding= "UTF-8"%>
<%@ taglib uri="http://java.sun.com/jstl/core_rt" prefix="c"%>
<!DOCTYPE HTML PUBLIC "-//W3C//DTD HTML 4.01 Transitional//EN">
<html>
  <body>
    <table align="center">
    <tr align="center">
    <td colspan="2" align="center"><font size=5 color="#000000"> 考试成
绩列表: </font></td>
    </tr>
    <tr align="center">
    <td  colspan="2"  align="center"> </td>
    </tr>
    <c:forEach items="${scoreList}" var="stuScore" varStatus= "stuStatus">
    <tr>
        <td>
            ${stuScore.username}:
        </td>
        <td>
            ${stuScore.totalScore}
        </td>
    </tr>
```

```
    </c:forEach>
    <tr align="center">
    <td  colspan="2"  align="center"> </td>
    </tr>
    <tr  align="center">
    <td colspan="2"><a href="teacher.jsp"><font size =1 color=
"#000000">返回</font></a></td>
    </tr>
    </table>
  </body>
</html>
```

参考文献

[1] 李刚. 轻量级 Java EE 企业应用实战——Strut2+Spring+Hibernate 整合开发[M]. 北京：电子工业出版社，2010.

[2] 孙卫琴. 精通 Hibernate：Java 对象持久化技术详解[M]. 北京：电子工业出版社，2006.

[3] 高洪岩. 至简 SSH：精通 Java Web 实用开发技术（Struts+Spring+Hibernate）[M]. 北京：电子工业出版社，2009.

[4] 唐振明，王晓华，修雅慧，等. JAVAEE 主流开源框架[M]. 2 版. 北京：电子工业出版社，2014.

[5] 李芝兴，杨瑞龙. Java EE Web 编程（Eclipse 平台）[M]. 北京：机械工业出版社，2010.

[6] 贾蓓，镇明敏，杜磊. Java Web 整合开发实战——基于 Struts2 Hibernate Spring[M]. 北京：清华大学出版社，2013.

[7] 李西明，陈立为. SSH 开发实战教程 Spring+Struts 2+Hibernate[M]. 北京：人民邮电出版社，2020.

[8] 肖睿，郭泰，王丁磊. SSH 框架企业级应用实战[M]. 北京：人民邮电出版社，2018.

[9] 陈俟伶，张红实. SSH 框架项目教程[M]. 北京：中国水利水电出版社，2013.

[10] 范新灿，秦高德，孙志伟. 基于 SSH 架构的 Web 应用开发案例教程[M]. 北京：电子工业出版社，2019.